法人化塾 改訂第2版

インボイス制度対応と農業の経営継承・組織再編

森　剛一　著

農文協

はじめに

農業経営の法人化は、経営継続の意思表示であり、経営継承を円滑にする手段です。加えて、集落営農の法人化は、圃場分散の問題を克服し、農地の面的集積による効率的な生産基盤を確立できます。一方、集落営農では担い手の確保が難しくなってきており、本書では、集落営農の二階建て法人化によって畦畔の草刈や水管理・肥培管理を１階の集落営農法人が分担する手法を提唱しています。今回の改訂では、消費税のインボイス制度への対応策を追加するとともに、２階の広域連携法人が１階の集落営農法人に農作業の一部を委託することで得られる消費税還付金を原資に、１階の法人に配当金として還元する方法を紹介しています。

2023年10月の消費税のインボイス制度の導入によって、免税事業者の組合員に支払う従事分量配当や農作業委託料の仕入税額控除が認められなくなり、今まで消費税の還付を受けていた多くの集落営農法人が納税になります。このことで、集落営農法人を解散するしかないという声も聞こえてきます。しかしながら、集落の農事組合法人が共同で出資をして広域連携法人を設立し、広域連携法人に生産販売を移管したうえで、集落の農事組合法人に圃場管理やトラクターによる農作業を委託することで、消費税の還付を受ける仕組みを作ることができます。１階の農事組合法人は消費税の簡易課税制度を選択したうえで従事分量配当に代えて組合員に給与を支払えば給与所得控除のメリットも受けられます。また、１階を農事組合法人から一般社団法人に組織変更することもできますので、農地・水などの資源管理や利用調整を担う一般社団法人の地域資源管理法人（１階）が地方自治体の運営参加を得て「特定法人」となれば、広域連携法人（２階）から農作業を受託しても、法人税の申告が不要になり、運営を簡素化できます。

また、今回の改訂では、農業経営基盤強化準備金制度の令和３年度改正に対応しました。家族経営の法人化に関して、肉用牛免税など税制特例の活用のノウハウを解説しています。農地所有適格法人の役員要件の特例によって農地所有適格法人を100％子会社（完全子会社）とすることも可能になったことを踏まえ、事業持株会社による農業法人のグループ化やＭ＆Ａ、第三者への事業承継の手法も紹介しています。本書が法人化による経営発展を考える農業者やこれを支援する関係者の一助となることを願ってやみません。

2022年１月

森　剛一

法人化塾 改訂第２版

インボイス制度対応と農業の経営継承・組織再編

目次

第２章　家族経営の法人化とグループ化

第3章 農業法人の運営と経営継承

第４章　農業経営基盤強化準備金

第５章　肉用牛免税

第６章　農業法人の運営・税務Ｑ＆Ａ

【資　料】定款・規程・契約書例

農業税金一口メモ

コラム・農業政策に一言

第１章 集落営農の法人化と広域化

1 従事分量配当制の農事組合法人のメリットとインボイス制度の影響

1）集落営農の法人化のメリットを活かす ……逆転の発想が必要だ

集落営農の法人化は、地域の農業を継続させるための手段です。農業経営を法人化することで、農地の利用権の設定が受けられ、農地中間管理事業を活用できるのに加え、出資の形で資金を調達できるなど、経営資源の集積の面で有利になります。とくに集落営農の法人化では、消費税の還付が受けられたり構成員の所得税の負担が軽減されたりするなど税務上のメリットも大きいだけでなく、政策的にも法人化が方向づけられています。

集落営農を法人化すると内部留保がしやすくなり、規模拡大や事業の多角化などの経営発展に向けた投資に備えることができます。内部留保に累進課税の所得税が課税される個人事業やその共同事業（任意組合）にくらべて、法人経営では実効税率が低くなるからです。一方、任意組合は構成員課税となるため、組織が内部留保するのに構成員が税金を負担しなければならず、内部留保についての合意形成が難しいという欠点があります。

集落営農の法人化のメリットは大きいのですが、それにもかかわらず法人化に踏み出せない集落営農組織もあります。集落内に担い手がいないため、将来、運営が困難になって法人を解散しなければならなくなるのではないかとか、法人になると税務申告が大変になるのではないかといった不安があるからです。

しかし、担い手の確保が難しいのであればなおのこと、集落営農を法人化して経営が成り立つ条件整備をするという逆転の発想が必要です。法人化することによって他の集落・地域の法人との事業統合もしやすくなります。また、集落営農の組織を「地域資源管理法人」という一般社団法人（非営利型法人）の形態にすれば法人税の申告も必要なくなります。集落営農の法人化を怖がることはありません。とりあえず農事組合法人として法人化したうえで、将来は広域連携によって事業統合し、残った農事組合法人を一般社団法人に組織変更することもできます。

2）農事組合法人化による集落営農のメリット ……従事分量制配当と法人税軽減

集落営農を農事組合法人として法人化すれば、労務の対価として組合員に給与を支払う必要がなく、従事分量配当によって剰余金の範囲内で分配することが可能です。このため、基本的に赤字にならない運営が可能になり、しかも従事分量配当が消費税の課税仕入れになるので、毎事業年度、消費税が還付になるのが通例です。また、役員に対して、経営管理の対価を役員報酬（定期同額給与）として支払ったうえに、農作業の対価としての従事分量配当を併給することができ、任意組織のときの労働対価の支払いのルールを大きく変えずに運営することができます。

さらに、農地所有適格法人になることで、任意組織では適用されない農業経営基盤強化準備金を活用することができ、法人税の負担を軽減できます。また、組織の内部留保に対する課税について、任意組合（民法上の組合）では構成員個人の所得税として負担するのに対して、法人では法人税として負担することになりますが、農業経営基盤強化準備金の活用によって法人税の負担も軽減されます。

ただし、担い手の確保が難しく、集落単体で農事組合法人を設立しても事業の継続が困難な場合は、複数の集落営農組織が広域に連携して法人化するなどの工夫も必要です。複数の集落営農組織をまとめて広域に法人化する場合は、出資者の数が多数となることから、株式会社の方が適してい

図 1-1. 任意組合と農事組合法人の内部留保への課税の違い

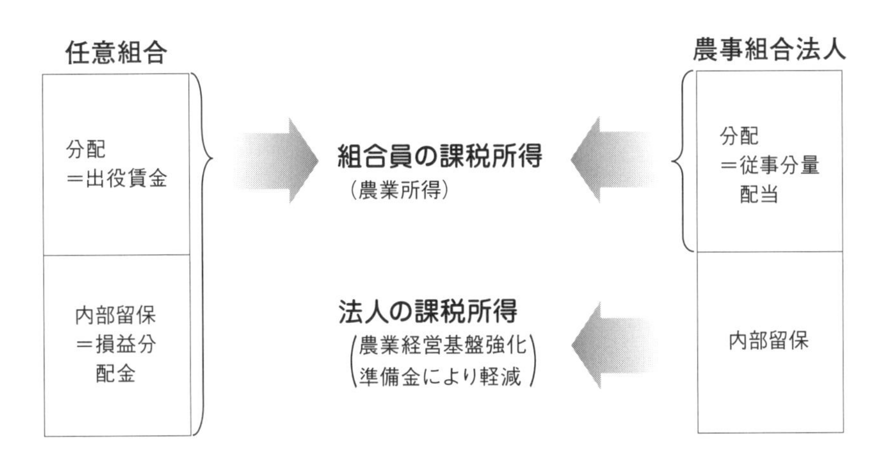

ます。これは、農事組合法人には、農業協同組合の場合と異なり、総代会が認められないため、原則として総会に組合員本人が出席して議決をする必要があり、農事組合法人では出資者が多数だと運営が難しくなるからです。この場合、1階の集落組織と2階の農業法人とで役割分担をする2階建て方式にしたり、さらに1階の集落組織を一般社団法人による「地域資源管理法人」としたりする工夫が必要になります。

※詳しくは014頁参照

3）農事組合法人の消費税還付のメリットとインボイス制度の影響

集落営農組織のとりわけ麦･大豆などの転作受託組織を法人化した場合、消費税の課税売上げとなる農産物代金（品代）は収入全体の一部であり、麦･大豆の収入の大半は水田活用の直接支払交付金や畑作物の直接支払交付金など消費税の課税対象外（不課税）取引になります。こうした法人では課税仕入れが課税売上げを経常的に上回ることになります。

図1-2. 農事組合法人における消費税の課税取引と法人税の課税所得との関係

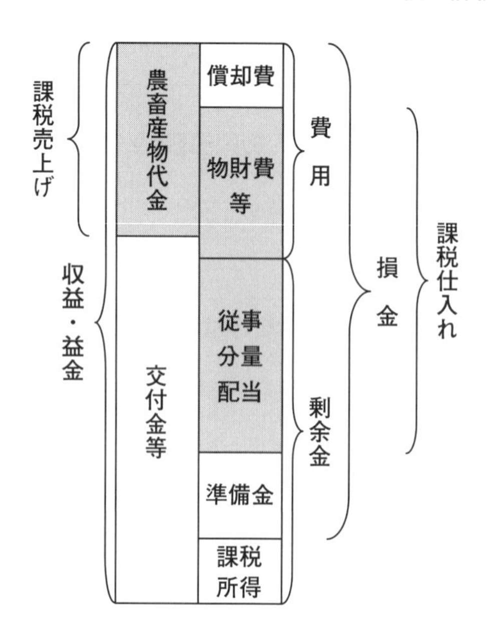

さらに、従事分量配当は、役務の提供の対価としての性格を有することから、消費税の課税仕入れに該当します。このため、労務の提供の対価を従事分量配当により行った場合には、一般に、課税仕入れが課税売上げを経常的に上回ることになります。そのような場合には、消費税の一般課税（本則課税）の適用を受けることにより、毎事業年度、消費税の還付を受けることができます。

なお、資本金1,000万円未満で設立した法人が当初から課税事業者となるには「消費税課税事業者選択届出書」を提出する必要があります。

農事組合法人における従事分量配当の支払先の農業者のほとんどは免税事業者ですので、インボイス制度の導入によって従事分量配当が事実上、仕入税額控除の対象から外れることになります。2023年（令和5年）10月のインボイス制度の導入後3年間は免税事業者からの仕入税額控除が80％認められ、2026年（令和8年）10月からの3年間は50％が認められますが、2029年（令和11年）10月からは免税事業者からの課税仕入れは認められなくなります。そこで、集落営農法人は、経過措置の終了に向けて簡易課税制度を選択することを検討しましょう。簡易課税制度では、農業（食料品）の納税額を次のように計算します。

> 課税売上げに係る消費税額－課税売上げに係る消費税額
> ×80％（第二種事業みなし仕入率）
> ＝課税売上げ（税抜）×1.6％

従事分量配当は受け取った個人では事業所得（農業所得）の雑収入として課税されます。従事分量配当に対する必要経費は基本的にはないため、従事分量配当はまるまる課税されます。一方、給与として支給すれば受け取った個人で給与所得となるため、給与所得控除（最低年55万円）を差し引くことができ、個人の所得税・住民税の負担が軽くなります。

さらに、集落営農法人（1階）が出資して地域連携法人（2階）を設立し、麦・大豆・ソバ・飼料用米などの水田転作を2階に移管する「法人2階建て方式」を検討しましょう。地域連携法人は、水田の耕起や畦畔の草刈などの農作業を集落営農法人に委託してインボイスの交付を受ければ消費税還付が受けられます。集落営農法人が簡易課税制度を選択すれば、農作業受託料の売上税額にみなし仕入率60%（第4種事業）を乗じた仕入税額を売上税額から控除できます。さらに、課税売上高総額の75%以上が農業（食料品）の売上高であれば、農作業受託料にもみなし仕入率80%（第2種事業）を適用でき、有利になります。課税売上高の75%以上を第2種事業にするため、集落の構成員の飯米生産は1階の集落営農法人で担うことをお勧めします。

一方、地域連携法人は、消費税の還付金を原資に集落営農法人（株主）に配当金を支払うことでメリットを還元できます。たとえば、保有割合5%超となるよう複数の集落営農法人が配当優先株式により地域連携法人に1,000万円ずつ出資して毎期10%の配当金100万円を受け取ると、集落営農法人では配当金の50%の50万円が益金不算入となり、集落営農法人の法人税などの負担を減らせます。

表1-1. 受取配当等の益金不算入

保有割合	区分	益金不算入	負債利子控除
100%	完全子法人	100%	なし
1/3超100%未満	関連法人	100%	あり
5%超1/3以下	その他	50%	なし
5%以下	被支配目的	20%	

従事分量配当の仕入税額控除が認められなくなれば、労務の対価を従事分量配当でなく給与として支払った方が良いということなり、給与制に移行する農事組合法人が増えてきます。ところが、農事組合法人のメリットは、労務の対価を従事分量配当として支払えることなので、そもそも農事組合法人である理由も無くなります。

このため、将来的には、集落営農法人を農事組合法人から株式会社に組織変更することも検討する必要があります。また、集落を超える広域農業法人に事業譲渡したうえで、自らは農地や水資源など地域資源管理を行う「地域資源管理法人」として農事組合法人から一般社団法人に組織変更する方法も考えられます。

農業税金
一口メモ①

消費税インボイス制度の導入と 適格請求書発行事業者の登録申請

令和３年 10 月から「適格請求書発行事業者」（登録事業者）の登録申請手続が始まりました。令和５年 10 月から開始する適格請求書等保存方式（インボイス制度）では、登録事業者が交付する「適格請求書」（インボイス）等がないと仕入税額控除ができなくなります。インボイスの発行は、登録事業者に限られ、インボイス制度開始に間に合わせるには、原則として、令和５年３月までの登録申請が必要です。

図 1-3. 登録申請のスケジュール

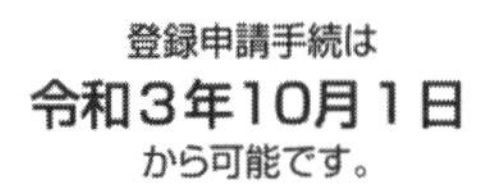

令和5年 10月1日から登録を受けるためには、原則として
令和5年3月31日
までに登録申請手続を行う必要があります。

令和3年10月1日
令和5年3月31日
令和5年10月1日

登録申請の受付開始

適格請求書等保存方式の開始

卸売市場特例や農協特例が適用される取引ではインボイスの交付は不要ですが、それ以外の取引で買手からインボイスの交付を求められたときに対応できるよう、集落営農法人においても早めの登録申請をお勧めします。

◎インボイス制度とは

「適格請求書等保存方式」とは、複数税率に対応した仕入税額控除の方式で、インボイス制度と呼ばれています。複数税率では、税率の異なるごとに取引を区分して記帳する、区分経理が求められます。ただし、複数税率による区分経理に対応した帳簿及び請求書等（区分記載請求書等）の保存を求める「区分記載請求書等保存方式」が、令和元年 10 月１日からすでに導入されており、実際のところ、インボイス制度を導入しなくても複数税率に対応できています。

このため、インボイス制度の導入は、単に複数税率への対応だけでなく、免税事業者における益税を解消することが狙いと考えられます。インボイス制度では、免税事業者にインボイスの交付が認められないため、免税事業者からの課税仕入れについては、農協等特例などの適用がある場合を除き、仕入税額控除ができなくなります。その結果、免税事業者は、消費税相当額の値引きを求められたり、取引を断られたりすることもあります。そこで、免税事業者においても、登録事業者となるため、あえて課税事業者を選択する途も考えられます。

◎免税事業者からの仕入れに係る経過措置

インボイス制度では、免税事業者など適格請求書発行事業者以外の者（免税事業者等）からの課税仕入れについては、要件上必要な請求書等の交付を受けられず、原則として仕入税額控除を行うことができません。ただし、インボイス制度開始後６年間は、免税事業者等からの課税仕入れであっても、仕入税額相当額の一定割合を仕入税額とみなして控除できる経過措置が設けられています。

経過措置を適用できる期間と一定割合は、次のとおりです。

期 間	割 合
令和5年10月1日から令和8年9月30日まで	仕入税額相当額の 80%
令和8年10月1日から令和11年9月30日まで	仕入税額相当額の 50%

区分記載請求書等保存方式の記載事項に加え、例えば、「80%控除対象」など、経過措置の適用を受ける課税仕入れである旨を記載した帳簿の保存が必要となります。

◎仕入税額控除の要件

インボイス制度では、インボイスなどの請求書等及び帳簿の保存が仕入税額控除の要件となります。ただし、簡易課税制度を選択している場合は、課税売上高から納付する消費税額を計算することから、インボイスなどの請求書等の保存は、仕入税額控除の要件とはなりません。一方、一般課税の場合、インボイスの交付を受けない取引は、課税仕入れであっても原則として仕入税額控除を受けることができなくなります。具体的には、仕入税額控除を適格請求書の税額の積上げ計算によって行うことが原則になりますが、従来通り、取引総額からの割戻し計算する方法も認められます。

図 1-4. 区分記載請求書と適格請求書（インボイス）の記載事項の比較

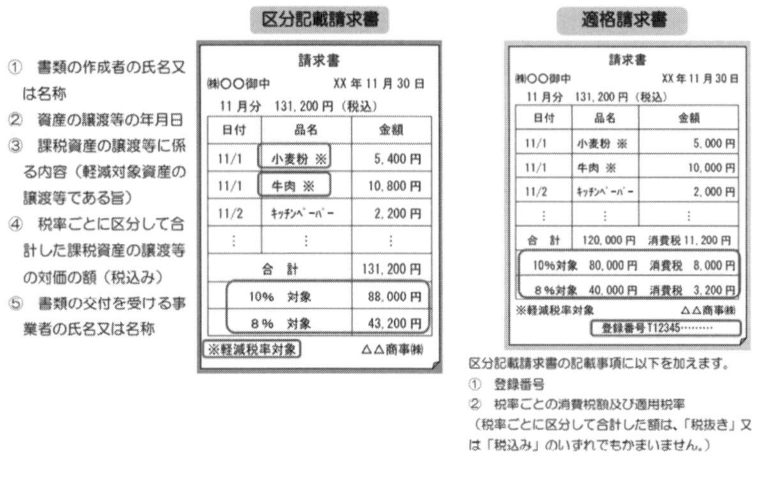

区分記載請求書

① 書類の作成者の氏名又は名称
② 資産の譲渡等の年月日
③ 課税資産の譲渡等に係る内容（軽減対象資産の譲渡等である旨）
④ 税率ごとに区分して合計した課税資産の譲渡等の対価の額（税込み）
⑤ 書類の交付を受ける事業者の氏名又は名称

請求書

㈱○○御中　　XX 年 11 月 30 日

11 月分　131, 200 円（税込）

日付	品名	金額
11/1	小麦粉 ※	5, 400 円
11/1	牛肉 ※	10, 800 円
11/2	ｷｯﾁﾝﾍﾟｰﾊﾟｰ	2, 200 円
⋮	⋮	⋮
合 計		131, 200 円
10% 対象		88, 000 円
8% 対象		43, 200 円

※軽減税率対象　　△△商事㈱

適格請求書

請求書

㈱○○御中　　XX 年 11 月 30 日

11 月分　131, 200 円（税込）

日付	品名	金額
11/1	小麦粉 ※	5, 000 円
11/1	牛肉 ※	10, 000 円
11/2	ｷｯﾁﾝﾍﾟｰﾊﾟｰ	2, 000 円
⋮	⋮	⋮
合 計	120, 000 円	消費税 11, 200 円
10%対象	80, 000 円	消費税 8, 000 円
8%対象	40, 000 円	消費税 3, 200 円

※軽減税率対象　　△△商事㈱

登録番号 T12345………

区分記載請求書の記載事項に以下を加えます。
① 登録番号
② 税率ごとの消費税額及び適用税率
（税率ごとに区分して合計した額は、「税抜き」又は「税込み」のいずれでもかまいません。）

インボイスには、①事業者登録番号、②税率ごとの消費税額及び適用税率を記載しなければなりません。

◎保存が必要となるインボイスなどの請求書等の範囲

インボイス制度において、仕入税額控除の要件として保存が必要となる請求書等には、次の３種類（これらの書類に係る電磁的記録を含む。）があります。

① 売手が交付するインボイス（適格請求書）又は簡易インボイス（適格簡易請求書）
② 買手が作成する仕入明細書等
③ 卸売市場特例及び農協特例（農協等特例）において受託者から交付を受ける一定の書類

なお、②の仕入明細書等は、インボイスの記載事項が記載されており、相手方（売手）の確認を受けたものに限られます。

一方、公共交通機関や自動販売機、郵便ポストによる取引については、インボイスの交付義務が免除されており、帳簿のみの保存で仕入税額控除が認められます。従業員等に支給する出張旅費、宿泊費、日当及び通勤手当等（通常必要と認められる額に限る。）も同様に、帳簿のみの保存で仕入税額控除が認められます。

◎卸売市場特例及び農協特例とは

卸売市場、農協等を通じた流通形態では、どの生産者の農産物等かを把握せずに流通させる仕組みとなっており、課税事業者から出荷された農産物等と免税事業者から出荷された農産物等を区分できないことがあります。このため、課税事業者である生産者が卸売市場、農協等を通じて販売する農産物に係る適格請求書等を発行することは困難です。したがって、卸売市場、農協等が販売の委託を受けて行う農林水産品の譲渡等については、適格請求書等の発行義務を免除し、卸売市場、農協等から交付を受けた書類（及び帳簿）の保存で仕入税額控除を可能としています。

卸売市場特例とは、売業者が卸売市場において卸売の業務として出荷者から委託を受けて行う同法に規定する生鮮食料品等の販売が対象です。また、農協特例とは、農協や農事組合法人などが次の条件によって無条件委託方式かつ共同計算方式により販売を委託した農林水産物の販売が対象で、譲渡を行う者を特定せずに行うものに限られます。

①無条件委託方式

出荷した農林水産物について、売値、出荷時期、出荷先等の条件を付けずに、その販売を委託すること

②共同計算方式

一定の期間における農林水産物の譲渡に係る対価の額をその農林水産物の種類、品質、等級その他の区分ごとに平均した価格をもって算出した金額を基礎として精算すること

◎個人農業者におけるインボイス制度への対応

農事組合法人の組合員が登録事業者になれば、農事組合法人で消費税の還付を受けることも可能ですが、お勧めできません。組合員全員が消費税の申告をしなければならないうえ、簡易課税制度を選択しても従事分量配当は第２種事業にならず納税負担も大きいからです。

これに対して、免税事業者の肉用牛繁殖経営では、消費税分、市場でのセリの価格が低くなる懸念があり､登録事業者になった方が有利です。また、消化仕入方式の農産物直売所に販売する農業者は、免税事業者だと消費税相当額を受け取れなくなるため、簡易課税制度を選択して税抜価格 1.6％相当額の消費税を納めても登録事業者となって 8％の消費税相当額を受け取った方が有利になります。

免税事業者が登録を受けるには、「消費税課税事業者選択届出書」を提出して課税事業者となるのが原則です。また、簡易課税制度の適用を受けるには、課税期間が開始する前に「消費税簡易課税制度選択届出書」を提出するのが原則です。ただし、登録日が令和５年 10 月１日（の属する課税期間中）の場合は、経過措置により、消費税課税事業者選択届出書を提出しなくても登録日から課税事業者となり、登録日の属する課税期間に消費税簡易課税制度選択届出書を提出すればその課税期間から簡易課税制度を適用できます。

図 1-5. 免税事業者の登録申請と簡易課税制度の適用

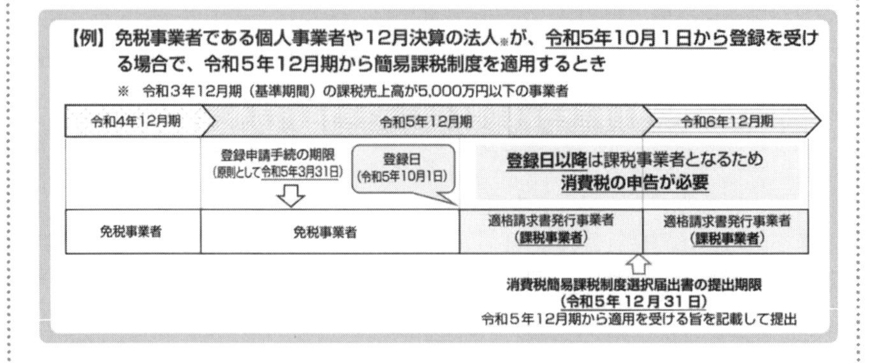

◎集落営農法人におけるインボイス制度への対応

集落営農の農事組合法人では、これまで免税事業者の組合員に支払う従事分量配当や作業委託料も仕入税額控除が受けられ、消費税還付の恩恵を受けてきましたが、インボイス制度の導入で、免税事業者からの課税仕入れは原則、仕入税額控除ができなくなります。

免税事業者からの仕入税額相当額について、経過措置により、インボイス制度導入後３年間（令和５年 10 月～令和８年９月）は 80％、その後の３年間（令和８年 10 月～令和 11 年９月）は 50％を控除できますが、令和 11 年 10 月以降は控除できなくなって、集落営農法人では基本的に消費税を納税することになります。

4）農事組合法人の設立手続き

(1) 法人設立の時期

麦を栽培する集落営農が法人化する場合は、栽培中の麦はそのまま任意組織の事業として継続し、設立後に播種する麦から法人の事業とする方法をお勧めします。この場合、前身となる集落営農組織の麦の栽培期間と新設の法人の水稲の栽培期間とが重複することになりますが、費用収益は明確に区分できますので、とくに問題はありません。

(2) 出資金の決定

農事組合法人の場合、法人税の負担を軽減するには、出資金（資本金）を数十万円程度に抑制し、不足する運転資金を「組合員長期預り金」として確保すると良いでしょう。

農事組合法人については、農協法により、定款で定める額（通常は出資総額と同額、最低でも出資総額の 2 分の 1）に達するまでは、配当の金額に関係なく、毎事業年度の剰余金の 10 分の 1 以上を利益準備金として積み立てなければならないとされています（農協法 73 ②、51 ①）。したがって、出資金（資本金）が多いと利益準備金の要積立額が増えて、その分、従事分量配当や農業経営基盤強化準備金の積立てが制限されます。従事分量配当や農業経営基盤強化準備金として処分した剰余金は損金算入されるのに対して、利益準備金として処分した剰余金は所得金額として法人税の課税対象となるため、出資金が多いほど法人税等の負担が増えることになります。また、従事分量配当の金額を減らせば消費税の負担も増えることになります。

このため、農事組合法人の場合、税負担を軽減するためには、出資金（資本金）を抑制し、その代わりに組合員長期預り金などで運転資金を確保するといった工夫が必要になります。

なお、消費税の還付を受けるため、資本金 1,000 万円未満で設立した法人が設立第 1 期から課税事業者となるには「消費税課税事業者選択届出書」を提出する必要があります。

(3) 定款作成の留意点

農水省のホームページで農事組合法人定款例が示されています。これを基本に定款を作成しますが、共同利用施設の設置など1号事業を行わない場合は、次のように修正すると良いでしょう。

①事業（定款例第6条）

定款例第6条第1号の「組合員の農業に係る共同利用施設の設置（当該施設を利用して行う組合員の生産する物資の運搬、加工又は貯蔵の事業を含む。）及び農作業の共同化に関する事業」を削除する。

②員外利用（定款例第7条）

1号事業を前提としての条項であるので、全文を削除する。

③除名（定款例第14条）

後段の「せず、かつ、この組合の施設を全く利用」を削除する。

④利益準備金（定款例第38条）

農協法第51条第2項で規定する最低限である「出資総額の2分の1に達するまで」とする。「第40条第1項において同じ。」を削除する。

⑤配当（定款例第40条）

過年度に積み立てた農業経営基盤強化準備金を取り崩した剰余金を原資として従事分量配当を行うことについて、法令上の制限はありませんが、農水省の現行の定款例のとおりに「毎事業年度の剰余金の範囲内において行うものとし」と定款に規定した場合、当期剰余金を超える部分の従事分量配当が定款に違反することになります。

このため、配当の項については、農水省の2007年当時の定款例に倣って、次のように記載することをお勧めします。なお、農事組合法人定款例は、「一律に適用することを求めるものではなく、本定款例と異なる内容の記載であっても、法令等で定める必要事項や適切な内容が記載されていれば差し支えない」とされています。

（配当）

第○条　この組合が組合員に対して行う配当は、組合員がその事業に従事した程度に応じてする配当及び組合員の出資の額に応じてする配当とする。

2　事業に従事した程度に応じてする配当は、その事業年度において組合員がこの組合の営む事業に従事した日数及びその労務の内容、責任の程度等に応じてこれを行う。

3　出資の額に応じてする配当は、事業年度末における組合員の払込済出資額に応じてこれを行う。
4　前２項の配当は、その事業年度の剰余金処分案の議決する総会の日において組合員である者について計算するものとする。
5　配当金の計算上生じた１円未満の端数は、切り捨てるものとする。

増資について、既存の組合員ではなく、農林漁業法人等投資育成制度により、アグリビジネス投資育成（株）（以下「アグリ社」という。）に引き受けてもらうことがあります。農林漁業法人等投資育成制度では、投資主体にアグリ社と投資事業有限責任組合とがありますが、農事組合法人への出資が認められているのはアグリ社のみです。

農事組合法人がアグリ社を活用したものの、投資期間を通して無配だった場合、出口に置いて出資額を上回る（プレミアムを付して）買戻しが求められることがありますが、法人でなく他の組合員が買い取る場合は、その組合員は差損を抱えることになります。この場合、定款を変更して法人がプレミアムを付して払戻しをすることで、持分の買い取りによって組合員に差損が生ずる事態を回避できます。

農水省の定款例どおりに定款を定めている場合は出資額を超えて払い戻すことはできませんが、農事組合法人の払戻しについて、出資額を限度とする規定は農協法にはありませんので、定款を変更すれば出資額を超えて払戻しをすることができます。アグリ社を活用する場合、持分の払戻しの条項を次のように変更すると良いでしょう。

アグリ社から出資を受ける場合の持分の払戻しの定款の記載例

（持分の払戻し）
第○条　組合員が脱退した場合には、組合員のこの組合に対する出資額（その脱退した事業年度末時点の貸借対照表に計上された資産の総額から負債の総額を控除した額が出資の総額に満たないときは、当該出資額から当該満たない額を各組合員の出資額に応じて減算した額。以下「出資額に応じた純資産額」という。）を限度として持分を払い戻すものとする。

2　前項の規定にかかわらず、第８条第１項第６号の規定による組合員が脱退した場合には、組合員のこの組合に対する出資額を超えて持分を払い戻すことができる。ただし、出資額に応じた純資産額を超えることができない。
3　脱退した組合員が、この組合に対して払い込むべき債務を有するときは、前２項の規定により払い戻すべき額と相殺するものとする。

2　一般社団法人のメリットと活用例

担い手の確保が難しい場合の集落営農の法人化の手法として提案するのが、一般社団法人の形態による「地域資源管理法人」です。「地域資源管理法人」は、他の担い手経営体に基幹作業を委託することを前提として集落営農を法人化するものです。平成21年農地法改正（2009年12月15日施行）により、農地所有適格法人（旧・農業生産法人）でない法人でも農地を借りて農業を行えるようになったため、一般社団法人として集落営農を法人化できるようになりました。一般社団法人として集落営農を法人化するメリットは、非営利型法人として運営すると法人税の申告義務がないということです。損益分配計算が不要になる分、任意組合の集落営農よりもむしろ運営が簡単になります。

1）集落の機能と法人化による役割分担

集落営農には２つの機能があります。１つは農地など地域資源の管理や環境保全機能を担ったり農用地利用調整を行ったりする公益機能です。２つ目は農産物の生産や加工、販売を担う生産販売機能です。２つの機能は重層的な関係になっているため、集落営農を２階建ての建物に例えて、公益的機能を担う部分を１階、生産販売機能を担う部分を２階と考えるとわかりやすくなります。

図 1-6. 集落営農の 2 階建て構造

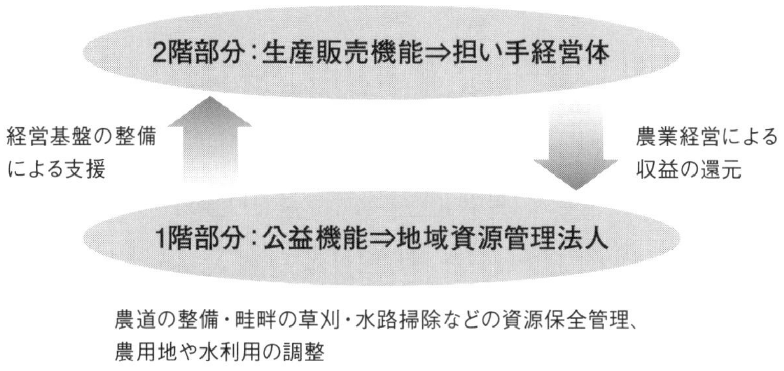

2階部分：生産販売機能⇒担い手経営体
経営基盤の整備
による支援
農業経営による
収益の還元
1階部分：公益機能⇒地域資源管理法人
農道の整備・畦畔の草刈・水路掃除などの資源保全管理、
農用地や水利用の調整

ところが、集落営農における農業は、基幹作業だけでなく、水管理・肥培管理や畦畔の草刈なども含んでおり、農業の範囲は 2 階部分だけでなく 1 階部分に及んでいます。このため、これまでは 1 階と 2 階を一体とした形で農事組合法人を設立するなど、上下一体型の集落営農の法人化の方法しかありませんでしたが、農地法改正などによって、集落営農の 1 階部分と 2 階部分の機能をそれぞれの組織で分担する仕組みが可能になりました。この場合、集落営農における農作業の一部を 1 階部分の組織が担うことが前提となりますので、1 階部分と 2 階部分の担い手（構成員）が異なることに着目して、それぞれの意欲を引き出し、組織の活動への積極的な参加を促す工夫が欠かせません。また、1 階部分と 2 階部分の利害は必ずしも一致しないため、別々の組織としたうえで、双方が協働関係になるようにする必要があります。

図 1-7. 集落営農の機能と農業の範囲

農 業
基幹作業
2階部分
担い手＝「担い手」
水管理・肥培管理
畦畔の草刈
1階部分
担い手＝地域住民
基 盤
（インフラ）
用排水路の掃除、農道の整備

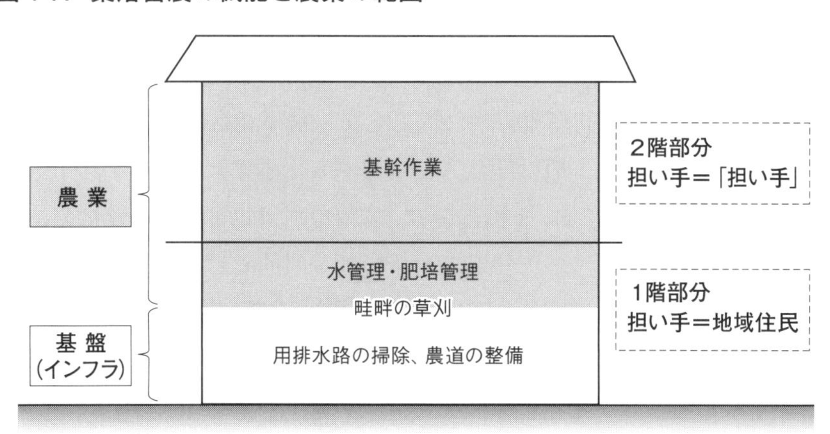

1階の公益機能の部分は、農業者だけでなく、非農家の人も含めた地域住民や地域外に居住する地権者の参加を得ていくことが望ましい姿です。担い手への農地の集積・集約化について、今後、これを支援する体制は農地中間管理事業に一体化されますが、一方で人・農地プランを実質化させるなど地域の話合いが重視されます。面的集積された農地について、面的集積の状態を保持しつつ、農業生産に適した優良な農地を維持管理する役割は、地域ぐるみで担っていく必要があります。

これに対して、2階の生産販売機能の部分は、担い手に任せて機動的に運営し、経営体として確立していく必要があります。集落営農法人が、2つの機能の両方を担う必要はなく、別々の組織とする方がそれぞれの組織の性格が明確になって運営がしやすくなります。後述するように広域の農業経営を営む法人を設立した場合、集落を単位とした農用地の利用調整や農地・環境の保全の役割までも農業経営を営む法人が中心となって担うのは、その経営者にとって負担が重くなります。このような場合には、別個の組織にして役割分担をしないとうまく機能しません。

また、この2つの機能を担う組織を別々の組織とした場合、1階部分の組織と2階部分の組織が1対1である必要はなく、1階部分の農地の調整や保全機能は、従来どおり集落ごとに担う一方で、2階の生産販売機能は集落を超えて広域に活動する担い手に任せる方法が考えられます。中山間地域など集落内に担い手がいない地域においてこの方法はとくに有効です。農業参入企業も含めて広域に活動する既存の担い手がいない場合には、複数の集落が共同して担い手としての農業生産法人を設立する方法が考えられます。地権者が出資者となって法人を設立する場合、地権者の数が多くなりますので、運営における機動性の確保の観点から、広域の農業生産法人は、農事組合法人ではなく株式会社とすることも選択肢となります。

そこで、1階部分の集落単位の法人として、農事組合法人などの農地所有適格法人ではなく、一般社団法人として法人化するというアイディアが「地域資源管理法人」です。1階部分は、農用地利用改善団体の資格を持った任意組織として運営する方法がこれまでは一般的でしたが、地域資源管理法人は農用地利用改善団体を法人化するイメージです。また、地域資源管理法人は、多面的機能支払の活動組織や中山間地域等直接支払の集落協定参加者になることができます。

図 1-8. 集落営農の広域対応による法人化

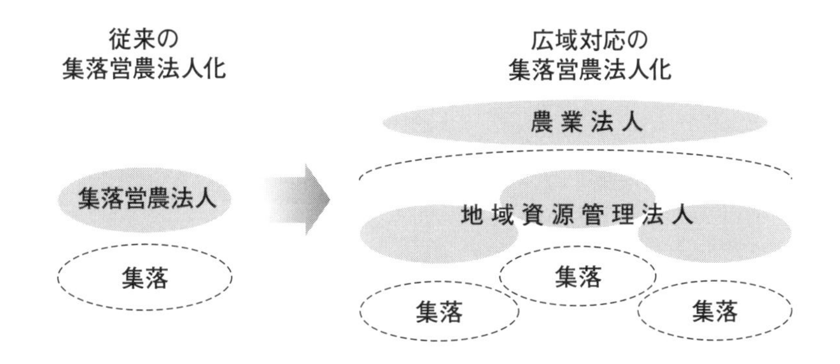

表 1-2. 集落営農の機能分担と法人化等に対応した組織形態

	集落等の範囲での法人化等		集落等の範囲を超えた法人化等	
	上下一体	上下分離	広域の法人化	担い手の誘致
2 階部分	農事組合法人等（構成員：地権者＋従事者）	集落内認定農業者、株式会社等（構成員：従事者中心）	株式会社等（構成員：従事者中心）	集落外認定農業者、建設業者・NPO 法人等参入企業
1 階部分		農用地利用改善団体（任意組織）⇒**地域資源管理法人**		

2）一般社団法人の活用事例

(1) 一般社団法人による農業生産 ―― 長野県飯島町月誉平地区の取組み

一般社団法人として農業生産に取り組んだ事例のパイオニア的存在が、長野県飯島町の田切地区にある「(一社) 月誉平栗の里」です。月誉平集落は、天竜川の河岸段丘の下段の川沿いに位置していて獣害によって水稲の栽培が難しいため、栗を栽培する農事組合法人を設立する構想がありました。

法人設立にあたって、栗を活用する菓子製造業者の資本参加を前提としていましたが、農事組合法人に業者が出資することは農協法で認められないため、株式会社にして継続的取引関係者として出資するか、一般社団法人にして基金を拠出する方法を筆者が提案しました。ただし、株式会社の場合、栗の定植後数年は売上げが皆無で収益が無くても法人税の申告をしなければなりません。このため、法人税申告が不要となる非営利型法人の一般社団法人を 2011 年 5 月に設立しました。平成 21 年農地法改正（2009 年 12 月 15 日施行）により、いわゆるリース方式による農業生産が可能になった 1 年半後です。(一社) 月誉平栗の里は、2 階建て方式ではあり

日本アルプスを望む、栗の木の間に延びるそば畑

耕作放棄地を仲間の力を合わせて栗の一大産地とした

＊写真提供 （一社）月誉平栗の里

ませんが、これが一般社団法人の認知度を飯島町で高め、設立に関わった関係者の地域資源管理への意識が深まり、後に２階建て方式の地域資源管理法人ができる布石になりました。

ポイント
⇒一般社団法人は農地を借りて自ら農業を行うことができる。

(2) 中山間地域等直接支払の活用 —— 岩手県八幡平市前森地区の取組み

前森地区農地保全組合は中山間地域等直接支払の個人配分を一般社団法人が受領して活用している事例です。前森地区は、戦後開拓で満州からの引揚者が共同で酪農の牧場を拓いたもので、株式会社前森山集団農場（2016年6月に農事組合法人から組織変更）が現在に至るまで自給飼料型の酪農を営んでいます。

入植当初は全戸が農場の事業に参加していましたが、現在では農場に従

共同取組活動としての地域の環境美化作業

トウモロコシのホールクロップサイレージなど自給飼料を最大限に活用して酪農を営んでいる

＊写真提供 （一社）前森地区農地保全組合

事しない住民も地区内に居住しています。このため、地区内の生活道路や生活用水の維持に必要な財源の確保のため、新たに多面的機能支払と中山間地域等直接支払を活用することを筆者が提案し、2014年7月に「(一社)前森地区農地保全組合」を設立しました。

多面的機能支払については、一般社団法人そのものがその活動組織となることが認められましたが、中山間地域等直接支払の集落協定は地域の農地所有者を含めて2者以上が参加して協定を結ぶ必要があり、当時の農事組合法人前森山集団農場と新設の一般社団法人の2者で集落協定を締結して年間140万円程度の中山間地域等直接支払を受領できることとなりました。このうち30%を共同取組活動として草刈機の購入の積立てに充て、残りの70%を個人配分として農場の法人と一般社団法人で分配することとなり、一般社団法人の設立費用や毎事業年度の法人住民税を賄っています。

ポイント

⇒一般社団法人が中山間地域等直接支払の集落協定に参加して交付金を運営費に充てる。

(3) 一般社団法人による株式会社への出資 —— 北海道興部町宮下地区の取組み

宮下地区農地管理組合は2階の農業法人に無議決権配当優先株式により出資した事例です。オホーツク海の沿岸にある北海道興部町の宮下地区は、町の中心街から外れた中山間地域ですが、酪農家の離農が相次いで地区の農地を利用する地区内の酪農家がいなくなったことで、地区外の酪農家による農地利用を進めるため、コントラクターとして(株)オホーツクTMRセンターを設立しました。この際、宮下地区の農地を一括して農地中間管理機構を通して集積したことで1億円を超える地域集積協力金を受領できることとなり、その受け皿として「(一社)宮下地区農地管理組合」を設立しました。

地区内の住居や牛舎などの廃屋が多数あり、景観を損ねているので、地域集積協力金の使途としては、当初、廃屋を撤去する費用に充てることとしていました。ところが、見積りをしたところ1軒当たり2,000万円が必要と判明し、財源は5軒分にしかならず、予算が足りないので廃屋の撤

雄大な草地の活用が酪農経営を支えている　＊写真提供　（一社）宮下地区農地管理組合

去は断念することとなりました。このため、オホーツクTMRセンターの運転資金として活用することとなりましたが、貸付金とした場合には金銭貸付業に該当して収益事業となり、法人税の申告が必要となります。このため、無議決権配当優先株式により出資することとしました。株式の配当を受け取ることは収益事業に該当せず、法人税がかからないため、1階の一般社団法人が2階の法人に出資をして資金を供給するだけでなく、2階の法人が儲かるように1階の法人が支えれば、利益の一部が配当として1階に還元されるので、2階建て方式の1階と2階がwin-winの関係になるメリットがあります。

多額の地域集積協力金を受領するための受け皿として一般社団法人を設立した例は他にもありますが、2階の法人が農事組合法人であることが多く、一般社団法人は農事組合法人に出資できません。2階建て方式の理想形として1階が2階に出資をして支える構造にするには、2階を株式会社に変更する必要があります。

ポイント

⇒一般社団法人が受領した地域集積協力金を株式会社への出資に活用する。

コラム

農業政策に一言①

一般社団法人による地域代表制

地域運営組織と一般社団法人

地域の暮らしを守るため、地域で暮らす人々が中心となって形成され、地域課題の解決に向けた取組みを持続的に実践するものとして「地域運営組織」が注目されています。地域運営組織は、おおむね旧村単位で組織されることが想定され、住民自治組織として市町村行政を補完する役割が期待されています。

この地域運営組織について、任意組織で事業を取り組む場合、銀行からの借り入れを代表者個人名義で行う必要があるなどの課題が存在します。これについて、地域代表制の付与の観点から、新たな法人制度の創設を求める声がありますが、一般社団法人といった既存の制度でもある程度対応が可能です。具体的には、一定の要件を満たす一般社団法人を市町村が指定して地域代表制を認め、これに地方自治の業務の一部を委託して予算を交付する仕組みが考えられます。一般社団法人等を指定して事業実施主体として位置づける制度としては、農地中間管理機構や農業委員会ネットワーク機構などの先例があります。

農用地利用改善団体と一般社団法人

一般社団法人は、農用地利用規程を定めることで、法人として農用地利用改善団体になることができます。

農地中間管理事業の５年後見直しに伴い、農業経営基盤強化促進法改正によって「農用地利用規程の特例」が措置され、農用地利用改善団体が、農地の所有者等の３分の２の同意等を得て農用地利用規程において利用権の設定等を受ける者を認定農業者及び機構に限定する旨を定め、市町村の認定を受けた場合には、当該規程に定めた者又は機構以外に対して賃借権の設定又は所有権の移転等を行うことができないこととするとともに、市町村による農用地区域からの除外に制限を課することとなりました。

また、平成 31 年度税制改正により、特定土地区画整理事業等のために土地等を譲渡した場合の 2,000 万円特別控除の適用対象に、農用地利用規程の特例に係る事項が定められた農用地利用規程に基づいて行われる農用地利用改善事業の実施区域内にある農用地が、当該農用地の所有者の申出に基づき農地中間管理機構（一定のものに限る。）に買い取られる場合を加えることとなりました。

一般社団法人による地域代表制

農用地利用改善団体の多くは長らく休眠状態になっていますが、法改正や税制改正で新たな役割を与えられ、今後の活用が期待されます。そのうえで、農用地利用改善団体に一般社団法人として法人格を持たせ、地域運営組織として位置付け、多面的機能支払の交付金などを活用して活動を活性化していくことが重要です。

3）NPO法人との比較

地域資源管理法人を著者が提唱した背景として、2008年12月の一般社団法人制度の創設と平成21年農地法改正（2009年12月15日施行）があります。これまで地域の公益的な活動をする法人形態としては、主としてNPO法人（注）が想定されていましたが、NPO法人は認証主義で知事の認証が必要であるのに対して、一般社団法人は準則主義で公証人による定款認証だけで登記でき、非営利法人の設立が容易になりました。一方、平成21年農地法改正により、農業生産法人でない法人が農地を借りて農業ができるようになり、地域資源管理の一環として一般社団法人が農業生産を行えるようになりました。

注．たとえば農林水産省が2009年7月の農政改革特命チームに提出した資料において「将来にわたり地域社会を維持していく仕組み」として提起した「地域マネジメント法人」は「会社、NPO法人等」としている。

表1-3．一般社団法人（非営利型法人）と会社法人・農事組合法人との比較

	一般社団法人（非営利型法人）	会社法人／農事組合法人	備考
資本金	なし	あり（1円以上）	
設立	準則主義	準則主義	NPO法人は認証主義
目的	制限なし	会社法人は制限なし／農事組合法人は農業・農業関連事業と附帯事業に限定	NPO法人は限定
定款認証	要	株式会社は要、合同会社等持分会社と農事組合法人は不要	
不動産名義	可	可	
法人税	収益事業課税 収益事業（34業種）を営む場合に限って申告義務	全所得課税 普通法人として申告、組合員（役員を除く）に給与を支給しない農事組合法人は協同組合等として申告	
住民税	均等割申告書により均等割（県町計7万円）のみ納付	確定申告書により法人税割及び均等割を納付	
消費税	特定収入（交付金等）の仕入税額控除を調整（交付金等不課税収入が多い場合でも納付）	全額が仕入税額控除（交付金等不課税収入が多い場合は還付）	
寄付による財産出資の取扱い	課税なし（資産受贈益は非収益事業）	資産受贈益として課税	

3 集落営農法人の事業統合・広域化

1）法人２階建て方式による広域化・株式会社化のすすめ

(1) 集落営農のざんねんな「広域連携」

集落営農の広域連携として、集落営農法人の機能を補完するものとして、機械・施設の共同利用や農作業の受託を行う広域の組織を置く方法が増えてきました。生産機能（2階）を集落営農法人に置いたまま広域連携をするので3階建て方式とも呼ばれます。しかし、この方式で広域連携に成功したと言える事例はほとんどなく、ざんねんな「広域連携」になっています。

広域連携が成功しない理由は、機械施設の共同利用組織や農作業受託組織では、内部留保が難しいからです。そもそも広域連携の狙いは、機械・施設を更新し、オペレータなど担い手の雇用を確保するうえで、事業規模を拡大して財務基盤を強化することにあります。こうした連携組織がオペレータなどの安定雇用を続けるためには、内部留保が不可欠です。しかしながら、こうした3階の広域連携組織は、農業生産を行わず、交付金を受領できないため農業経営基盤強化準備金を活用できず、内部留保すると法人税等が課税されてしまいます。あえて内部留保しようとしても、「利益を出して無駄な法人税を払うくらいなら、利用者である集落営農法人に還元しろ」という話になり、法人税等税負担の回避を背景に構成組織からの利用料・委託料引下げの圧力を受けるため、内部留保をすることが難しくなります。

(2) 成功する「法人２階建て方式」とは

ざんねんな「広域連携」にしないために、おすすめするのが、「法人2階建て方式」です。「法人2階建て方式」では、水田転作を中心とした生産機能を2階の広域農業法人に集約したうえで、集落営農の機能について資源管理を行う1階部分と生産を担う2階部分とで分担する方法です。1階を地域資源管理法人（非営利型法人の一般社団法人）、2階を広域農業法人（農地所有適格法人）とする方法です。

1階の地域資源管理法人は、農地・水路・農道等を管理する地域活動について交付金等を原資に給与を支払うのが基本です。出役日当を給与として受け取れば個人の所得税負担が給与所得控除によって軽減されます。

これに対して、2階の農業法人では、農業機械施設を自ら保有して生産活動をするのが基本です。農業機械施設の取得は課税仕入れとなり、農業法人の消費税の負担軽減（還付額増加）になります。

2階建て方式にも様々なパターンがあり、農業生産を行う法人でなく機械の共同利用組織や農作業受託組織を2階とする方法もあります。ただし、この場合、内部留保できずに経営体としての発展が損なわれる実態があります。原因としては、1階の組織が機械施設利用料金や農作業受託料金を支払う場合、対価関係が明確なため、料金を高く設定することが難しいうえ、共同利用組織や農作業受託組織では利益が出ても農業経営基盤強化準備金の積立てができず法人税負担が生ずるため、内部留保自体が忌避されることにあります。内部留保ができなければ機械の更新やオペレータの雇用にも支障を来すことになります。

ただ、必ずしもすべての農業生産を2階の農業法人で行う必要はなく、2階の農業法人では転作作物だけを栽培して、1階で水稲を栽培する方法もあります。日本型直接支払交付金によって地域資源管理活動を行うものだけでなく、自家飯米の生産など農業生産の一部を担うものも地域資源管理法人と筆者は位置づけています。

図 1-9. 法人2階建て方式

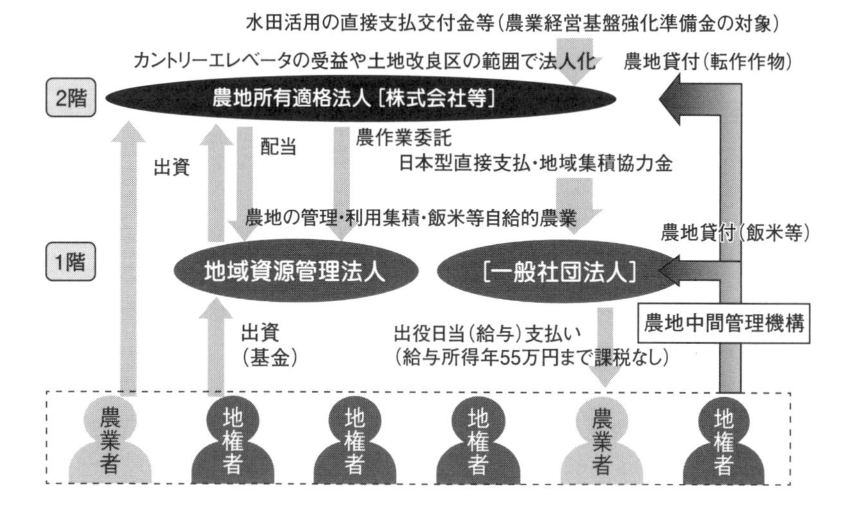

コラム

農業政策に一言②

地域集積協力金を活用した法人２階建て方式の推進

令和元年度予算における地域集積協力金の拡充

2019（令和元）年度予算では、農地中間管理機構（機構）を活用して担い手への農地集積・集約化に取り組む地域を支援する「地域集積協力金」が拡充され、これまで段階的に削減してきた単価を固定化して平均２割引き上げました。2018年度の交付単価の最高額は1.8万円（貸付割合80%以上）でしたが、2019年度は一般地域2.2万円（機構の活用率70%超）、中山間地域2.8万円（同50%超）になりました。地域集積協力金の予算は、中山間地農業ルネッサンス事業に位置付けられて６割が優先枠化されています。

地域集積協力金（集積・集約化タイプ）の概要

〈交付要件〉

・交付対象農地のうち１割以上が新たに担い手に集積されることが確実であること

	機構の活用率		交付単価
	一般地域	中山間地域	
区分１	20%超 40%以下	4%超 15%以下	1.0万円/10a
区分２	40%超 70%以下	15%超 30%以下	1.6万円/10a
区分３	70%超	30%超 50%以下	2.2万円/10a
区分４		50%超	2.8万円/10a

■機構の活用率

（当該年度の貸付面積 ／ 地域の農地面積（前年度までの貸付面積除く））

■中山間地域は、中山間地農業ルネッサンス事業の実施地域（中山間地域の交付単価の適用は、原則、中山間地域等直接支払交付金の対象農用地）

注１　機構への貸付期間が６年未満の農地は交付対象外（機構の活用率の算定には加える）。
注２　東日本大震災の津波被災地及び原発事故による避難区域等は、0.3万円/10a上乗せ。
注３　一般地域における２回目以降の申請の場合は、区分１の20%超を10%超とする。

一方、交付単価の基準が貸付割合から「機構の活用率」に変更された点に留意が必要です。従来の貸付割合は（分子）機構への累積貸付面積／（分母）地域の農地面積でしたが、「機構の活用率」では、分子の貸付面積が当年度分に限定され、分母の地域の農地面積から前年度までの貸付面積が控除されます。このため、貸付面積を毎年度少しずつ増やすよりも、地域の農地を同一年度で一括して機構に貸し付けた方が有利になります。加えて、経営転換協力金が今後５年間で段階的に縮減・廃止されるため、早めの取組みが得策です。

ところで、機構に一括して農地を貸すには、自ら耕作を希望する非担い手の農家にも農地集積への協力を取り付ける必要があります。その手段として提案するのが、非営利型法人の一般社団法人（非営利型一般社団法人）

の「地域資源管理法人」を受け皿として機構から農地を借り受け、農地の貸し手の個人が法人の構成員として自家飯米等を生産する方法です。

法人２階建て方式のすすめ

これまで、農事組合法人で地域集積協力金を受領して農業機械等の取得に充てるのが一般的でした。ただ、農業経営基盤強化準備金制度による圧縮記帳や準備金の積立てをして受領した期の課税を回避しても、課税の繰延べに過ぎず、翌期以降に課税されます。

そこで、おすすめするのが、地域資源管理法人で地域集積協力金を受領してこれを原資に２階の法人に出資し、農業機械等の取得に充てる方法です。出資の受入れは法人の益金とならず法人税は課税されません。この場合、２階の法人は農事組合法人ではなく株式会社とします。農事組合法人の組合員（＝出資者）となれるのは原則として農民に限られ、一般社団法人は農事組合法人に出資できないからです。また、一般社団法人による出資は、一部は普通株式でかまいませんが基本は配当優先無議決権株式とします。農地所有適格法人は、議決権要件により、「農業関係者」以外の者の議決権が総議決権の２分の１未満でなければなりませんが、一般社団法人は「農業関係者」に該当しませんので、無議決権株式による出資によって一般社団法人の議決権を制限する必要があります。

１階の法人が支援することで得られた２階の法人の利益が配当として１階の法人に還元でき、株式の配当の受領は収益事業に該当しませんので１階の法人には法人税の負担もありません。また、農業も収益事業に該当しないため、１階の地域資源管理法人が行う飯米生産に法人税は課税されません。このため、地域資源管理法人は、法人税の申告が不要で、任意組織とほぼ変わらない管理コストで運営できます。

さらに、２階の法人が畦畔管理や水管理・肥培管理などの農作業を１階の法人に委託することもできます。農作業受託など請負業は原則として収益事業に該当しますが、「特定法人」となれば収益事業から除外されます。特定法人とするには、非営利型一般社団法人の議決権の半数以上を市町村が保有してその業務を市町村の管理下とします。

2）法人２階建て方式のメリット

(1) 広域化のメリット

担い手を確保しやすくなることに加え、大型農業機械の設備投資を２階の農業法人に集中することで、設備投資の重複を抑えることができます。

⑵ 農業法人の株式会社化のメリット

原則として農民（農業を営む個人または農業に従事する個人）でなければ出資者（組合員）となれない農事組合法人に比べて、株式会社は誰でも株主になれるため、事業の運営に必要な資金を集めやすくなります。なお、平成27年農地法改正（2016年4月1日施行）によって、議決権の2分の1未満までであれば誰でも農地所有適格法人に出資できるようになりました。また、株式会社は自己株式の取得も認められているため、アグリビジネス投資育成（株）を活用するうえでも、構成員による買戻しだけでなく、会社自身による株式の買戻しも可能となります。

⑶ 集落法人の一般社団法人化のメリット

法人税について、非営利型法人の一般社団法人（「地域資源管理法人」）は、収益事業を営まない限り、申告・納税をする必要はありません。自己が生産した農産物の販売など農業は収益事業に該当しません。ただし、条例等で非課税とされている場合を除き、法人住民税均等割は負担する必要があります。

消費税について、基準期間における課税売上高が1,000万円以下であれば消費税の免税事業者となります。日本型直接支払交付金など国や地方公共団体からの交付金は、消費税不課税となります。このため、農業生産の集落の構成員の飯米のみに限定して課税売上高を1,000万円以下に抑えれば、法人税も消費税も申告が不要になり、集落法人の運営のコストを軽減できます。

また、基準期間における課税売上高が5,000万円以下であれば消費税の簡易課税制度を選択することができます。1階の地域資源管理法人が、登録事業者となればインボイスを交付できますので、2階の広域農業法人が1階の地域資源管理法人に支払った農作業委託料について2階の広域農業法人は仕入税額控除を受けることができます。一方、1階の地域資源管理法人は、集落の構成員が行った農作業に給与を支払う一方で、自らは簡易課税制度を選択することで消費税の納税負担を軽減することができます。

1階の地域資源管理法人は、農地・水路・農道等を管理する地域活動について交付金等を原資に給与を支払うのが基本です。出役日当を給与として受け取れば出役した個人の所得税負担が給与所得控除によって軽減されます。また、2階の広域農業法人から受け取る株式の配当を1階の地域資源管理法人の活動資金に充てることができ、株式の配当は収益事業に該当しませんので、法人税も課税されません。

(4) 消費税のインボイス制度の導入と組織変更のメリット

農事組合法人における従事分量配当の支払先の農業者のほとんどは免税事業者ですので、インボイス制度の導入によって従事分量配当が事実上、仕入税額控除の対象から外れることになります。2023年（令和5年）10月のインボイス制度の導入後3年間は免税事業者からの仕入税額控除が80％認められ、2026年（令和8年）10月からの3年間は50％が認められますが、2029年（令和11年）10月からは免税事業者からの課税仕入れは認められなくなります。

従事分量配当は受け取った個人では事業所得（農業所得）の雑収入として課税されます。従事分量配当に対する必要経費は基本的にはないため、従事分量配当はまるまる課税されます。一方、給与として支給すれば受け取った個人の給与所得となるため、給与所得控除（最低年55万円）を差し引くことができ、個人の所得税・住民税の負担が軽くなります。

従事分量配当の仕入税額控除が認められなくなれば、労務の対価を従事分量配当でなく給与として支払った方が良いということなり、給与制に移

図 1-10. 軽減税率制度実施スケジュール

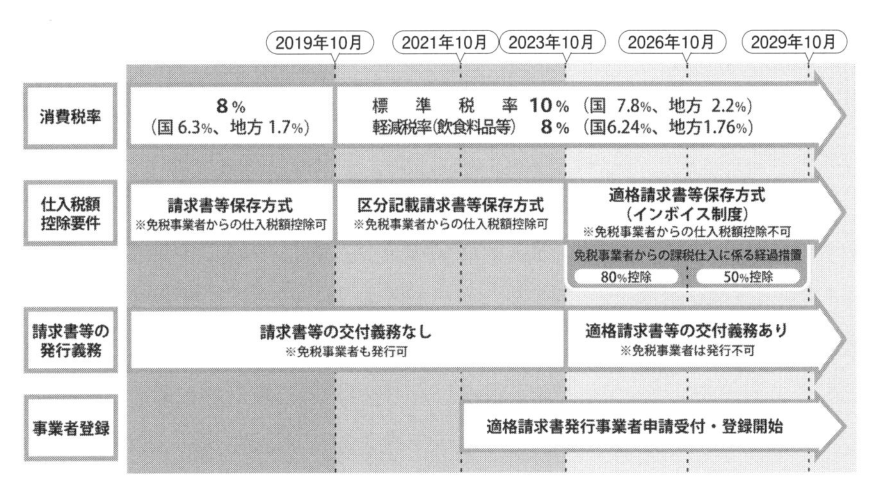

行する農事組合法人が増えてきます。ところが、農事組合法人のメリットは、労務の対価を従事分量配当として支払えることなので、そもそも農事組合法人である理由も無くなります。

このため、規模の大きい集落営農法人では、農事組合法人から株式会社に組織変更するケースが増えるでしょう。一方、規模の小さい集落営農法人では、複数の集落が連携して集落を超える広域農業法人を設立し、これに事業譲渡したうえで、自らは農地や水資源など地域資源管理を行う集落組織として一般社団法人に組織変更する農事組合法人も出てくるでしょう。

(5) インボイス制度対応の広域連携法人

これまで消費税が還付されていた集落営農の農事組合法人が、インボイス制度の導入によって消費税を納付しなければならなくなるのであれば、いっそ集落営農を解散してしまえという声も上がっています。しかし、解散は思いとどまってください。インボイス制度導入後も、消費税の還付を受けてこれを集落営農法人に還元する方法があるからです。

・広域連携法人設立による消費税還付

具体的な方法はこうです。まず、農事組合法人の集落営農が共同で出資して株式会社の広域連携法人を設立します。集落営農の農事組合法人（集落営農法人）には飯米用の米の生産や果樹・園芸などの集約型農業を残して、転作作物を中心とした販売用の米の生産を広域連携法人に集約します。広域連携法人は集落営農法人に圃場管理やトラクターなどの作業を委託します。集落営農の農事組合法人は、集約型農業の販売金額と農作業受託料が課税売上高となりますが、課税売上高が5,000万円以下に収まるよう、役割分担を決めるのがコツです。課税売上高が5,000万円以下であれば簡易課税制度を選択できるからです。

集落営農法人は消費税の課税事業者でインボイスを交付することができますので、広域連携法人は支払った農作業委託料についてインボイス制度導入後も仕入税額控除を受けることができます。一方、広域連携法人では水田転作を行いますので、受領する水田活用の直接支払交付金などの経営所得安定対策交付金は消費税不課税になります。このことにより、広域連携法人は消費税の還付を受けることができます。広域連携法人は消費税の還付などによる利益を株式の配当として集落営農法人に還元します。

たとえば、複数の集落営農法人が地域連携法人に1,000万円ずつ保有割合が5%を超えるよう出資（配当優先株式）をして毎期100万円の配当金（10%）を受け取る場合、集落営農法人では配当金の50万円（50%）が益金不算入となります（006頁、表1-1参照）。

・集落営農法人の簡易課税制度選択と給与所得控除のメリット

集落営農の農事組合法人は、これまで消費税の還付を受けるために一般課税によって申告をしてきましたが、今後はその必要がなくなるので、簡易課税制度を選択します。集落営農の農事組合法人は、農作業を行った組合員に対し、これまでの従事分量配当に替えて給与を支給します。従事分量配当は組合員にとって農業所得の雑収入となり、収入金額の全額に所得税が課税されますが、給与は給与所得となって給与収入から給与所得控除が差し引かれますので、組合員の所得税負担が軽減されます。

集落営農法人は、地域連携法人から農作業を受託した場合、その分の課税売上げについて消費税を納める必要がありますが、簡易課税制度であれば、売上税額にみなし仕入率を乗じて計算した仕入税額を控除することができます。農作業受託料のみなし仕入率は60%（第四種事業）ですが、集落営農法人の全体の課税売上高の75%以上が食料品の農産物の売上高（第二種事業）であれば、農作業受託料にもみなし仕入率80%を適用できます。主食用米の生産を1階の集落営農法人で担えば課税売上高の75%以上を第二種事業にできます。

・集落営農の一般社団法人化と特定法人化

集落営農の農事組合法人は、従事分量配当制から給与制に替えるのであれば、もはや農事組合法人の法人形態を採るメリットが無くなります。そこで集落営農の農事組合法人を一般社団法人（非営利型法人）に組織変更します。さらに市町村行政の協力を得て、一般社団法人（非営利型法人）を特定法人にすることができれば、農作業受託について法人税が非課税になり、集落営農の一般社団法人（非営利型法人）は、法人税の申告・納税をする必要が無くなりますので、組織の運営コストを任意組織並みに軽減することができます。

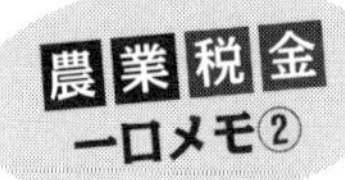

農事組合法人の解散と組織変更による経営継承

構成員の高齢化などの理由により集落営農の農事組合法人が解散するケースが増えています。しかし、法人を解散すればその地域の農業が衰退することは避けられません。そこで、農事組合法人を株式会社に組織変更のうえ、その株式を従業員や周辺の担い手に売却して経営継承することをおすすめします。

農事組合法人を解散すると、法人の解散の手続きが面倒なだけでなく、残余財産の分配に対して構成員（組合員）に配当所得として課税され、総合課税による累進税率が適用されて税負担が重くなることがあります。一方、農事組合法人を株式会社に組織変更のうえその株式を売却した場合、解散の手続きがないだけでなく、譲渡益に対して構成員（株主）に譲渡所得として課税されますが、住民税と合わせて20%の定率による分離課税になり、税負担が比較的少なくなります。

	解散	経営継承
法人手続き	解散及び清算 みなし配当所得に対する源泉徴収	組織変更
構成員手続き	残余財産の分配による金銭の受取	株式の譲渡代金の受取
構成員への課税	みなし配当課税（住民税と合わせ税率15%～55%の累進課税）	株式等に係る譲渡所得課税（住民税と合わせ税率20%の定率課税）

みなし配当所得課税とは

（1）みなし配当の範囲

農事組合法人の組合員が、その法人の解散による残余財産の分配により金銭その他の資産の交付を受けた場合において、その金銭の額とその他の資産の価額の合計額が、その法人の資本金等の額のうちその交付の基因となった出資に対応する部分の金額を超えるときは、その超える部分の金額に係る金銭その他の資産は、剰余金の配当とみなされて課税の対象とされます（所法25、所令61）。

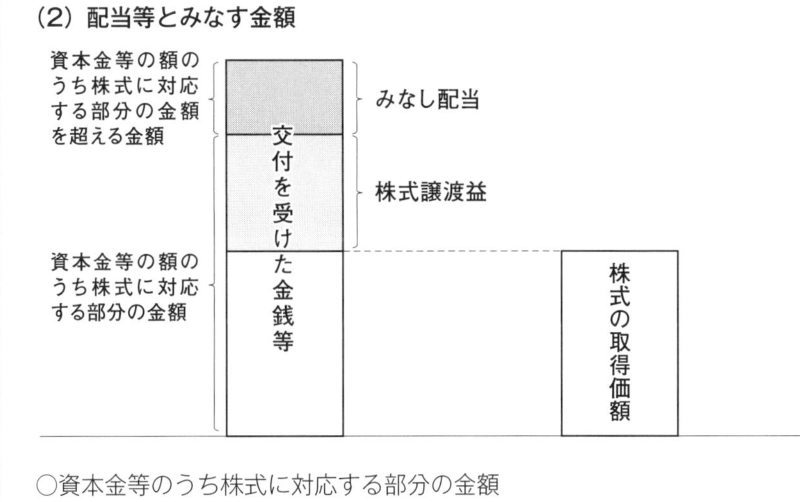

$$資本金等の額のうち株式等に対応する部分の金額 = \frac{資本金等の額}{発行済株式等の総数} \times 株主等が有していたその自己株式の取得等に係る株式の数$$

3) 法人2階建て方式の事例

(1) 行政の関与による町域全地区「特定法人」化——長野県飯島町の取組み

2015年2月に「法人2階建て方式」の第1号の事例が誕生しました。長野県飯島町の「(一社) 田切の里営農組合」です。飯島町の田切地区と本郷地区では、担い手法人が借り入れた農地で自らの危険負担で行う農業とは別に、一部の農地について名目上は法人が農地の借入れ名義を有するものの、農地所有者が枝番方式で実質的に耕作して収益を分配する取組みを行ってきました。その事務負担が（株）田切農産など担い手法人にとって重たく、枝番方式は1階の一般社団法人で行うこととなりました。

このため、(一社) 田切の里営農組合が農地を借りて実質的な農作業は農地所有者が行い、一般社団法人が認定農業者になることでナラシ交付金をもらって構成員である農地所有者に分配する仕組みとしました。このため、(一社) 田切の里営農組合は地域資源管理だけでなく自家飯米農家の名寄せの役割を果たしています。

飯島町では多面的機能支払も町内4地区に今まであった任意組織を一般社団法人に統合し、地域集積協力金も一般社団法人で受領しています。加

地域の農業を守る基本の共同作業

地域住民に収穫体験なども積極的に実施

＊写真提供　（一社）田切の里営農組合

えて、4地区のすべての一般社団法人について町が議決権の半数以上を保有して法人税法上の「特定法人」(注)になっています。特定法人となることで、農機具の貸付けによる物品貸付業や農作業受託による請負業が収益事業から除外され、これらの取組みが行いやすくなりました。

注. 社員総会における議決権の総数の2分の1以上の数が地方公共団体により保有されている公益社団法人又は非営利型法人に該当する一般社団法人で、その業務が地方公共団体の管理の下に運営されているものをいう。

(2) 一般社団法人による販売契約と不動産所有――鳥取県日南町の取組み

鳥取県日南町の笠木地区では、2階の（有）だんだんが転作作物を、1階の「(一社) 笠木営農組合」が自家飯米や加工用米の生産を行っています。(一社) 笠木営農組合では、事務所の建物を所有するほか、農業倉庫を所有して管理する活動も行っています。(一社) 笠木営農組合は加工用米の複数年契約の締結に法人格が求められたことや地域で管理する建物の所有名義のために元からある任意組合の笠木営農組合を2015年6月に一般社団法人化しました。

ところが、一般社団法人で農機具の貸付けの事業を行っていたために、収益事業として法人税の申告を行うよう税務署から指導を受けることになり、やむをえず申告をすることになりました。しかしながら、日南町行政の協力を得て日南町の議決権を半数以上とする定款変更を行ったことで特定法人になり、収益事業廃止届出書を提出することで法人税の申告をする必要がなくなりました。

地域の仲間が集結

草刈は欠かせない共同作業

＊写真提供　(一社) 笠木営農組合

(3) メガファームを支えるむらづくり――福井県小浜市の取組み

福井県小浜市の宮川地区や松永地区では大規模担い手法人（＝メガファーム）を支える法人2階建て方式に取り組んでいます。宮川地区では、地区内4生産組織を統合した（株）若狭の恵が2015年7月に設立されました。(株) 若狭の恵は、農地中間管理機構を利用して、小浜宮川土地改良区の地区の範囲の約150haの水田を集積しました。こうしたなかで、農地・水資源、施設の保全管理に関する体制整備が必要になり、2016年

2月に「(一社) 宮川グリーンネットワーク」を設立、任意組織で行っていた多面的機能支払の事業を継承して実施しています。

また、小浜市松永地区では、小浜東部土地改良区の地区の範囲で設立された農事組合法人小浜東部営農生産組合を2017年5月に株式会社に組織変更した（株）永耕農産が誕生し、100ha規模の大規模経営となりました。これに先立ち、松永地区の地域資源を管理する法人として「(一社) 松永あんじょうしょう会」が設立されています。

（株）若狭の恵が管理する大規模水田

水路の整備を兼ねて生き物調査

＊写真提供　福井県小浜市

コラム

農業政策に一言③

市町村行政の参画による地域資源管理法人の特定法人化

担い手経営体への農地集積・集約を進めつつ、地域住民などによる農地、水路、農道などの地域資源の保全管理を行っていくためには、地域住民の活動組織を一般社団法人として法人化して「地域資源管理法人」とし、活動を継続できる体制を作るとともに農地の受け皿とする必要があります。さらに、こうした地域住民による地域資源管理法人に対する市町村行政の支援を明確にしていくことが重要です。

飯米農家の農地の受け皿としての地域資源管理法人

活動活性化の具体策の一つが、地域資源管理法人による飯米生産です。小規模な農業者を完全に離農させると、農地などの地域資源を守っていく意欲までも奪ってしまうことになります。このため、小規模な農業者による自家飯米生産を継続していく取組みが必要です。ただし、自留分の農地を農地中間管理機構（機構）に預けずに個人農業を継続するのではなく、いったんすべての農地を機構に預けてもらいます。自家飯米の生産に必要な農地を機構から地域資源管理法人に貸し付けて、法人の活動として自家飯米を生産してもらうのです。地域資源管理法人が自家飯米の生産を希望する農家の受け皿となって機構から農地を借りる途を作り、飯米農家の農地も含めた集落のすべての農地を一括して機構に預けることで農地の面的集約が進めやすくなります。

地域資源管理法人の特定法人化

地域資源管理法人の活動の財源としては、主に多面的機能支払や中山間地域等直接支払などの日本型直接支払交付金が充てられることになります。しかしながら、これだけでは、安定的に保全管理を行うための収益源として不十分です。担い手経営体からの株式の配当も財源となり得ますが、担い手経営体が十分な利益をあげなければ株式の配当は得られません。そこで、安定的な収益源として、担い手経営体からの農作業受託料が想定されます。しかしながら、非営利型法人の一般社団法人が農作業受託を行った場合、その部分だけが請負業として法人税の課税対象となるため、区分経理をしなければならず、管理運営コストが大きく増えてしまいます。このため、圃場管理や耕うんなどの農作業を一般社団法人が受託しやすくするよう、地域資源の保全管理を行う一般社団法人を特定法人として位置づけていく必要があります。

特定法人を要件とした日本型直接支払交付金の増額を

そのために必要な支援策として、地域資源管理法人を特定法人と位置づける取組みを市町村行政が行う場合に日本型直接支払交付金を上乗せする措置を講ずることが考えられます。日本型直接支払交付金の増額の「特定法人」となることが要件とされることで、活動組織の一般社団法人化が促進されるだけでなく、市町村が活動組織の運営に積極的に関与していく効果が期待できます。一方、こうした措置を講じても、特定法人とする取組みが進まない場合には、地域資源の保全管理を行う非営利型法人の一般社団法人が行う農作業のために行う請負業について法人税の収益事業から除外する税制上の措置を講ずる必要があるでしょう。

4）法人２階建て方式への段階的移行の方法

(1) 第１段階：１階法人の作業受託組織化

1階の法人（農事組合法人）は構成員（組合員）の飯米の生産、2階の法人（株式会社）は水田転作及び販売用の米の生産、というように機能分担します。

構成員の飯米生産に必要な農地のみを1階に残し、その他の農地は2

階の法人に利用権を集約します。稲刈りなど大型農業機械による作業は2階の法人で行いますが、1階の法人において耕作に必要なトラクターの台数が確保できる間は、耕起・代かきなどの作業は、1階の法人に委託します。

2階の法人の設置については次の方法が考えられます。

①集落営農法人の連合体として新たな法人を設立する方法
②既存の法人に各集落営農法人が出資する方法
③集落営農法人の一つを2階の法人に衣替えして各集落営農法人が出資する方法

(2) 第2段階：1階法人の一般社団法人化

集落ごとにある1階の農事組合法人を一般社団法人に組織変更します。組織変更後は、広域の2階の法人の内部組織として集落ごとに作業班を設置し、農作業を担います。その結果、1階の法人は農地や水路など地域資源の管理と飯米の生産を担うことになります。1階の法人の構成員の出役に対しては、従事分量配当ではなく、給与を支払います。給与収入からは給与所得控除（最低年55万円）が差し引かれるため、構成員の納税負担も減ります。

農事組合法人の出資金は組合員に払い戻されますが、農事組合法人で内部留保した剰余金は、そのまま組織変更後の一般社団法人の基本財産となります。

5）法人2階建て方式への移行の事例

(1) 農事組合法人から一般社団法人への組織変更 ——広島県東広島市旧豊栄町の取組み

東広島市旧豊栄町は既存の集落営農法人の事業統合・組織再編のなかで農事組合法人を一般社団法人に組織変更した事例です。旧豊栄町は東広島市の東北、三次市との境に位置する中山間地域で、ほとんどの集落営農が法人化して10年以上が経過していますが、集落での後継者確保が難しくなってきたことから、旧豊栄町の清武、安宿、吉原西の3地区の集落営農法人を組織統合することとなりました。清武地区の集落営農法人であった（株）賀茂プロジェクトが他の2地区から株主や役員を受け入れて統合組織とし、吉原西地区の（農）グリーン8吉原西が「(一社）グリーン8吉原西」へ2019年3月に組織変更しました。

清武地区と安宿地区は株式会社形態、吉原西地区は農事組合法人形態のため、そのままでは合併できません。株式会社と合併するには農事組合法人から株式会社に組織変更しなければなりませんが、平成27年農協法改正（2016年4月1日施行）により、農事組合法人から一般社団法人への組織変更が可能となったため、一般社団法人として法人を残すこともできます。一方で、水田農業の事業統合後も各地区の農地は各地区の組織で管理する方針のため、集落営農法人が保有する財産を地区に残して農地などの地域資源管理の原資に充てる必要があります。このため、吉原西地区の農事組合法人を一般社団法人に組織変更するとともに、清武地区と安宿地区には新たに一般社団法人を設立することとなりました。

中山間地の農地を２階建て法人で管理・維持してゆく　＊写真提供　（株）賀茂プロジェクト

農業経営を行うには出資制の農事組合法人でなければなりませんが、一般社団法人には資本金がなく構成員の出資持分がありません。このため、一般社団法人に組織変更する過程で組合員に出資を払い戻しますが、出資は当初払込金額のみを払い戻し、純資産のうち農事組合法人で内部留保した金額はそのまま一般社団法人に移行します。この内部留保は、主に今後の地域資源管理活動の財源として使うことを想定していますが、吉原西地区では、(農)グリーン８吉原西が内部留保した資金を活用して(株)賀茂プロジェクトの増資を引き受けました。農事組合法人から一般社団法人への組織変更後も(一社)グリーン８吉原西が(株)賀茂プロジェクトの株式を保有し続けています。

事業統合・組織再編をする場合、合併比率によって持分調整して法人どうしを合併する方法もありますが、それぞれの組織の利害が絡んで調整が難しいのが実情です。このため、既存の農事組合法人を農業生産から地域資源管理に事業目的を変えて一般社団法人に組織変更して財産を管理する方法が有効で、農事組合法人から組織変更した(一社)グリーン８吉原西の取組みは今後の集落営農法人の事業統合・組織再編のモデルとなるでしょう。

4 農事組合法人の株式会社・一般社団法人への組織変更手続き

農事組合法人が組織変更をするには、総会における特別決議が必要です。組織変更計画の承認は、通常総会でなく臨時総会でも行えます。しかしながら、剰余金処分は通常総会で行うので、臨時総会で組織変更を決議した場合、期首から組織変更日までに従事分量配当の仮払いを行った分について従事分量配当として損金算入することができなくなります。このため、通常総会から効力発生日までの期間に従事分量配当の仮払いが生じないように留意する必要があります。具体的には、組織変更を行う事業年度においては期首から給与制とするか、最終事業年度で従事分量配当を行いたい場合は、農事組合法人の通常総会後の１か月の時期が農閑期に当たるよう、必要に応じて組織変更前に農事組合法人の最終事業年度を変更すると良いでしょう。

1）株式会社への組織変更

数戸共同の農事組合法人などで内部留保の大きい場合は、株式会社に組織変更すると、出資の評価が純資産価額方式から類似業種比準方式との併用方式に変わることによって、相続税評価額が減少する効果が期待できます。また、集落営農の農事組合法人については、株式会社に組織変更して事業を多角化したり、他の株式会社と合併して広域に事業再編したりする途が考えられます。

出資制の農事組合法人は、その組織を変更し、株式会社になることができます（農協法第73条の2）。農事組合法人から株式会社に組織変更しても事業年度が継続します（法人税基本通達1－2－2）。このため、組織変更時に決算・税務申告をする必要はありません。ただし、組織変更後に従事分量配当を行うことはできません。

図1-11. 農事組合法人から株式会社への組織変更手続きの流れ

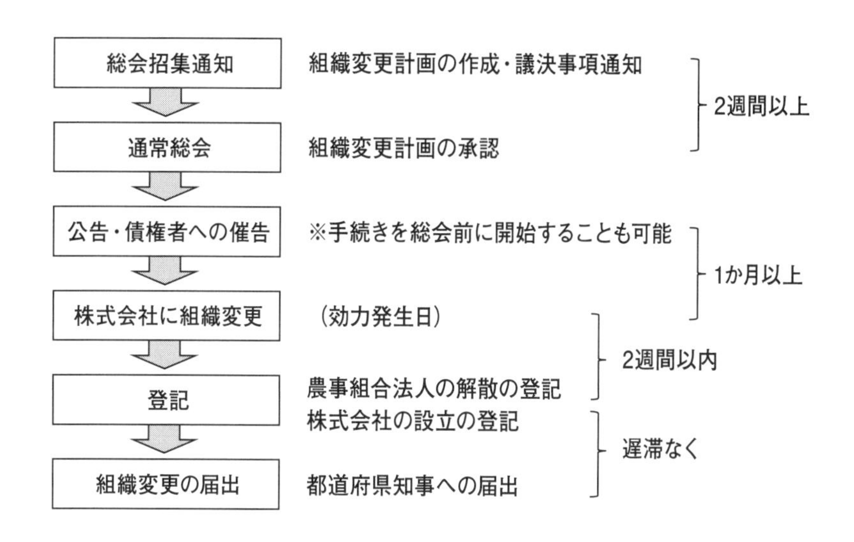

(1) 通常総会

農事組合法人が株式会社に組織変更をするには、組織変更計画を作成して、総会の特別決議（総組合員の3分の2以上の多数による決議）によって承認を受けなければなりません（農協法第73条の3）。総会招集通知は、通常の場合は会日の5日前までに到達すれば良いことになっていますが、組織変更を議決する総会については会日の2週間前に到達しなければなりません（同第3項）。また、総会招集通知には、その会議の目的である事項に加えて組織変更計画の要領を示さなければなりません。組織変更計画には、株式会社の定款案を添付します。なお、株式会社を新規に設立する場合、公証人による定款の認証が必要ですが、株式会社への組織変更の際は定款の認証は不要です。

組織変更をする場合には、次に掲げる事項を官報に公告し、知れている債権者には、各別にこれを催告しなければなりません（農協法第73条の3第6項準用第49条）。組織変更の効力が生ずる日は、公告から1か月以上としなければなりません。

①組織変更をする旨

②最終事業年度に係る貸借対照表を主たる事務所に備え置いている旨

③債権者が一定（1か月以上とする。）の期間内に異議を述べることができる旨

(2) 株式会社の設立の登記（農事組合法人の解散の登記）

農事組合法人は、組織変更をしたときは、遅滞なく、その旨を行政庁（原則として都道府県知事）に届け出なければなりません（農協法第73条の10）。

表1-4. 農事組合法人から株式会社への組織変更の効果

	農業組合法人	株式会社
事業の制限	農業経営を行う場合、農業及び農業関連事業に限定されています。 このため、次のような事業は認められません。 ○産業廃棄物の回収・処理 ○レストラン（自ら生産した農産物の加工・販売の一環の小規模なものを除く。）・民宿 ○除雪作業の受託 ○太陽光発電事業（事業に付随するものを除く。）	事業の制限はありませんので、どんな事業も行うことができます。 ただし、農地所有適格法人となるには、その法人の直近3か年の売上高の過半が農業及び農業関連事業であることが条件になります。

出資者の制限	個人として組合員になれるのは、原則として農民（自ら農業を営むか農業に従事する者）に限られています。例外的に、その農事組合法人から継続してその事業に係る物資の供給や役務の提供を受けている個人、組合員が農民でなくなった場合や組合員が死亡した場合の相続人も組合員になれますが、これらの例外による組合員は総組合員数の1/3までとされています。	出資者に制限はありませんので、誰でも株主になることができます。 ただし、農地所有適格法人となるには、農業関係者以外の者の総議決権が1/2未満であることが条件になります。
常時従事雇用の制限	農業経営を行う農事組合法人については、その事業に常時従事する者の1/3以上は、組合員とその同一世帯の家族でなければなりません。	常時雇用に制限はありませんので、誰でも雇用することができます。
議決権ルールの制限	農協法によって「組合員は、各々1個の議決権を有する」（第72条の14）と定められており、定款などによって変更することができません。このため、経営者層よりもそれ以外の組合員が多くの議決権を持つことになり、法人の意思決定に影響を及ぼすことがあります。	1株1票が原則で株数に応じて議決権を持つことができます。ただし、定款の定めによって無議決権株式などの種類株式を定めることができます。
株式・出資の評価	農事組合法人の出資の評価は、特例的な評価方式は認められず、しかも純資産価額方式のみで、株式会社のように類似業種比準方式との併用は認められません。このため、農事組合法人において内部留保が大きい場合には評価額が高くなることに注意する必要があります。	株式会社に組織変更すると、出資の評価が純資産価額方式から類似業種比準方式との併用方式に変わることによって、内部留保の大きい法人では相続税評価額が減少する効果が期待できます。
株式・出資の譲渡	組合員が持分を譲渡する場合、その農事組合法人自身がその持分を組合員から取得することはできず、持分の払戻しをすることになります。この場合にはその出資額が限度となり、一口当たりの純資産価額が出資額を上回っていたとしても出資額を超えて払い戻すことができません。	当初払込金額を上回る金額で株主から会社が自己株式を取得することができます。

2）一般社団法人への組織変更

集落営農の農事組合法人については、集落を超える広域農業法人に事業譲渡したうえで、自らは農地や水資源など地域資源管理を行う集落組織として一般社団法人に組織変更する途が考えられます。

平成27年農協法改正（2016年4月1日施行）によって、非出資制の農事組合法人は、その組織を変更し、一般社団法人になることができるようになりました（農協法77）。出資制の農事組合法人はそのままでは一般社団法人になることができないので、一般社団法人になるには、非出資制の農事組合法人に移行したうえで組織変更する必要があります。平成 27 年農協法改正によって、出資制の農事組合法人が定款を変更して、非出資制の農事組合法人に移行する手続きが明確化されました（農協法第 73 条第 2 項準用第 54 条の 5）。

出資制の農事組合法人の組合員は、変更後の定款の定めるところにより、当該組合員の持分の全部又は一部の払戻しを請求することができます（同条）。このため、非出資制の農事組合法人に移行するうえでは、変更後の定款においても出資額を限度として持分を払い戻すと定めることで、持分の一部を払い戻し、残額を一般社団法人の正味財産とすることができます。

図 1-12. 農事組合法人から一般社団法人への組織変更手続きの流れ

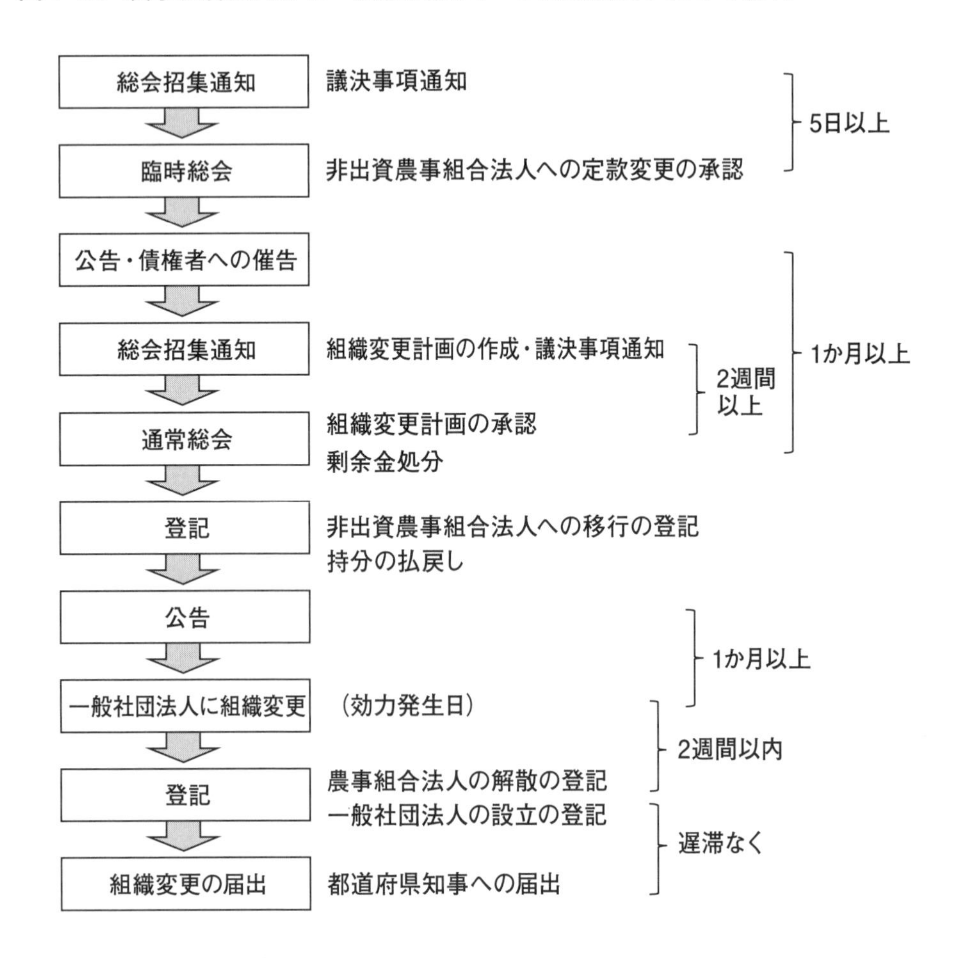

(1) 臨時総会

非出資農事組合法人への移行の登記が通常総会の後になるよう、通常総会の１か月程度前に臨時総会を招集して非出資農事組合法人への定款変更を承認します。非出資農事組合法人への定款変更の効力発生日は、定款変更を決議した日ではなく非出資農事組合法人への移行の登記の日となります。このため、移行の登記の前に通常総会を開催することで、変更前の出資制の農事組合法人の定款に基づいて通常総会で行った剰余金処分によって従事分量配当を損金算入できます。

出資制の農事組合法人が非出資制の農事組合法人に移行する場合には、次に掲げる事項を官報に公告し、知れている債権者には、各別にこれを催告しなければなりません(農協法第54条の５準用第49条)。臨時総会では、一般社団法人に組織変更する旨も決議しておき、債権者への個別催告において、非出資制の農事組合法人に移行する旨に加えて組織変更をする旨も加えておくことで、債権者への個別催告を１回で済ませることができます。

①非出資制の農事組合法人に移行する旨

②最終事業年度がない旨（臨時総会で決議した場合）

③債権者が一定（１か月以上とする。）の期間内に異議を述べることができる旨

非出資農事組合法人への移行の公告の文例

非出資農事組合法人への移行の公告

当組合は、令和×年×月×日開催の総会の決議により、定款を変更して非出資農事組合法人に移行することにいたしました。

この決定に対し異議のある債権者は、本公告掲載の翌日から一箇月以内にお申し出ください。

なお、確定した最終事業年度はありません。

令和×年×月×日

〇〇県〇〇市〇〇××番地×

農事組合法人〇〇

理事　〇〇　〇〇

催告書の文例

催　告　書

債権者　各位

拝啓　時下ますますご清祥のことと存じあげます。

　さて、今般、当農事組合法人は、令和×年×月×日開催の総会の決議により、定款を変更して非出資農事組合法人に移行したうえで組織を変更して、○○県○○市○○××番地×一般社団法人○○とすることといたしましたので、非出資農事組合法人への移行及び一般社団法人への組織変更につきご異議がありましたら、令和×年×月×日までに、その旨を当法人までお申し出ください。

　なお、確定した最終事業年度はありません。

（参考）農業協同組合法の規定に基づき、債権者各位に、このような催告をすることとなっております。ご異議のない場合は、放置していただいて構いません。

　以上のとおり催告いたします。

敬具

　令和×年×月×日

○○県○○市○○××番地×

農事組合法人○○

理事　○○　○○

(2) 通常総会

　通常総会で一般社団法人へ組織変更計画の承認を行います。組織変更の効力を生ずる日（効力発生日）は組織変更計画で定めますが、官報公告及び知れている債権者への個別催告から１か月以上の期間を置かなければなりません。

　総会の招集通知について、通常の場合は総会の日の５日前までに行えばよいのですが（第72条の28第１項）、組織変更計画を承認する場合は総会の日の２週間前に行わなければなりません（農協法第80条準用第73条の３第３項）。また、招集通知には、会議の目的である事項に加えて組織変更計画の要領を示す必要がありますので、組織変更計画書を添付します。

非出資制の農事組合法人が一般社団法人に組織変更をするには、組織変更計画を作成して、総会の決議によって承認を受けなければなりません(農協法第78条)。また、次に掲げる事項を官報に公告し、知れている債権者には、各別にこれを催告しなければなりません(農協法第80条準用第49条)。ただし、債権者への個別催告は、通常総会前に開始することも可能ですので、臨時総会後の債権者への個別催告において、一般社団法人に組織変更をする旨も加えていれば、改めて通常総会後に債権者への個別催告を行う必要はありません。

①組織変更をする旨

②最終事業年度に係る財産目録を主たる事務所に備え置いている旨

③債権者が一定(1か月以上とする。)の期間内に異議を述べることができる旨

組織変更計画には組織変更後の一般社団法人の定款を別紙として添付することになりますが、農事組合法人から一般社団法人に組織変更する場合、公証人による定款の認証は不要です。

組織変更公告の文例

組織変更公告

当法人は、令和×年×月×日開催の総会の決議により、一般社団法人に組織変更することにいたしました。

組織変更後の商号は一般社団法人○○とします。

効力発生日は令和×年×月×日です。

この組織変更に対し異議のある債権者は、本公告掲載の翌日から一箇月以内にお申し出下さい。

なお、最終事業年度に係る財産目録は主たる事務所に備え置いております。

令和×年×月×日

○○県○○市○○××番地×

農事組合法人○○

理事　○○　○○

(3) 非出資農事組合法人への移行の登記

非出資農事組合法人への移行の登記によって変更後の非出資農事組合法人としての定款の効力が発生します。この定款に基づいて持分の払戻しを行います。

(4) 一般社団法人の設立の登記（農事組合法人の解散の登記）

組織変更計画で定めた効力発生日で一般社団法人に組織変更しますので、効力発生日から２週間以内に農事組合法人の解散の登記と一般社団法人の設立の登記を行います。登記後、遅滞なく、都道府県知事への届け出を行います。

この場合、一般社団法人への組織変更の効力発生日に非営利型法人に該当することとなりますので、効力発生日の前日までを事業年度とみなして決算・税務申告を行います。本来、農事組合法人から一般社団法人に組織変更しても農事組合法人の解散の登記、一般社団法人の設立の登記にかかわらず、その法人の事業年度は、その組織変更等によって区分されず継続します（法人税基本通達１－２－２)。しかしながら、一般社団法人が非営利型法人に該当することとなった場合は、非営利型法人の要件に該当することとなった日の前日までを事業年度とみなします(法人税法第14条)。

第2章
家族経営の法人化とグループ化

1　家族経営の法人化のメリットと法人化の目安

1）法人化の判断とメリット

(1) 法人化すべき家族経営

家族経営については、すべての農業経営を法人化する必要はありません。法人化をするかどうかの判断基準の第一は、後継者に継承すべき経営かどうかです。

儲からない経営は、後継者に継承する意味はありません。ほかにも、継承すべき経営かどうかは、継承すべき優良な経営資源を保有しているかどうかです。たとえば、面的に集積した農地があって継承できないと分散してしまうとか、多額の農業施設への投資をしているので継承できないと無駄になってしまうといったケースです。高い生産技術や農産物のブランドを持っているなど無形の資産も経営資源として重要な要素になります。

表 2-1. 法人化のメリット・デメリット

区分	項目	メリット	デメリット
ヒト	従業員	法人の看板が人材確保に威力 社会保険・労働保険の適用	社会保険等のコスト増
	後継者	経営の継続性による後継者の確保	廃業が個人と比較して困難
	取引先	取引成立・取引条件での法人の信用力	——
モノ	農地集積	経営の継続性による農地集積の維持	解散が困難
	農地購入	農地中間管理機構による現物出資	出資買取りの個人出資者負担
	農地承継		贈与税納税猶予適用停止の可能性
カネ	制度融資	融資枠の拡大	過剰投資の危険性
	資金調達	出資の募集による資金調達 アグリビジネス投資育成㈱の利用	過剰投資の危険性
	補助金	三戸以上共同法人による補助事業	共同経営による意思決定の遅延
	社会保険	報酬比例の厚生年金受給権獲得	年金保険料の負担増加 従業員保険料の負担
	所得税	代表者報酬の給与所得控除による節税	法人住民税均等割の負担
	消費税	設立２事業年度の消費税免税 機械施設の譲受けによる消費税還付	事業譲渡に伴う消費税負担
	法人税	農業経営基盤強化準備金 肉用牛免税	役員給与の設定による所得税負担
情報	交流	同一志向の経営者との交流	地域の一般農業者との意識の差
	指導	法人協会等による情報提供	——

法人化の判断基準の第二は、人材や後継者の確保です。とくに最近では法人化の理由として雇用確保をあげるケースが増えてきました。季節雇用やパートであれば、個人事業でも大きな支障はありませんが、常時雇用となると人材確保の面で法人経営に優位性があります。

(2) 個人と法人の実効税率の差

個人の農業経営における所得が多い場合、個人の所得税・住民税の税率（課税所得900万円超43％）よりも中小法人の法人税の実効税率（2020年度以降33.6％）が低いため、代表者の役員報酬を抑えて法人に内部留保することで税負担が軽減されます。

また、中小法人の課税所得年800万円以下の部分の実効税率は事業税を含めて21～23％（農事組合法人は17％）程度です。農地所有適格法人（旧・農業生産法人）は農業経営基盤強化準備金や肉用牛免税の活用もあって課税所得が年800万円以下に収まることが多いのが実状です。一方、個人農業は事業税が非課税ですが、所得税と住民税を合わせた実効税率は課税所得で330万円を超えると30％、900万円を超えると43％になります。

表2-2. 個人課税の税率（2015年分以降）

課税所得金額	所得税	住民税	合計
195万円以下	5%	10%（県民税4%＋市町村民税6%）	15%
195万円超～330万円以下	10%		20%
330万円超～695万円以下	20%		30%
695万円超～900万円以下	23%		33%
900万円超～1,800万円以下	33%		43%
1,800万円超～4,000万円以下	40%		50%
4,000万円超	45%		55%

注. 上記のほか2013年から2037年まで、所得税額の2.1％の復興特別所得税が課税される。

表2-3. 法人課税の実効税率（2020年度以降・資本金1,000万円以下の普通法人）

種別 年所得金額	法人税	地方法人税	事業税	特別法人事業税	道府県民税	市町村民税	実効税率
400万円以下	15%	法人税額×10.3%	3.5%	事業税額×37%	法人税額×1%（+2万円）	法人税額×6%（+5万円）	21.4%
400万円超 800万円以下			5.3%				23.2%
800万円超	23.2%		7.0%				33.6%

注. 地方税の税率は標準税率による。

したがって、実効税率だけを比較すると、個人の所得が400万円を超えれば、税務上は法人化した方が有利になると言えます。

図2-1. 個人経営と法人経営の税額の比較

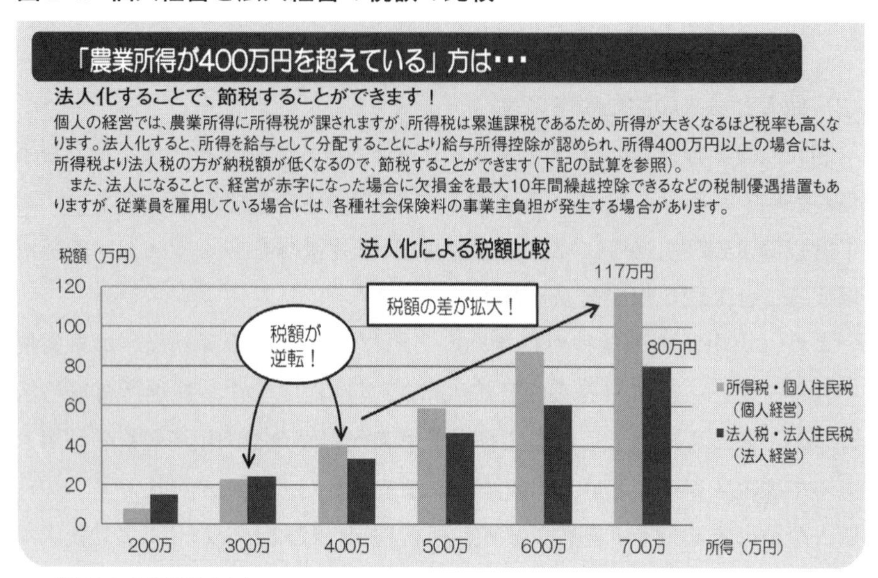

（農林水産省資料より）

(3) 代表者の給与所得控除による節税

事業主の所得が多くなると、税務上は法人経営が有利になります。農業法人になると代表者には法人から役員報酬を支給することになります。個人事業では代表者の報酬は事業所得となりますが、法人からの役員報酬は給与所得となります。法人が支出した役員報酬は原則として全額が損金になる一方で、代表者が受け取った役員報酬からは給与所得控除が差し引かれます。このように、役員報酬については給与所得控除分に課税されないことが税制上の大きなメリットです。ただし、法人の課税所得800万円超の部分であっても実効税率は34％なので、代表者の課税所得が900万円以下となるよう役員報酬を抑えた方が個人法人合算の納税額は少なくなります。

また、青色申告法人の場合、欠損金（税務上の赤字）を10年間（注）にわたって繰り越すことができ、後の年度に生じた所得金額（税務上の黒字）から控除することができます。農業は、市況や作況の変動により年々の所得が不安定になりがちですが、所得が膨らんだ年度の納税額を欠損金の繰越控除により減少させることができます。

注. 2018年4月1日以後に開始する事業年度において生ずる欠損金額。それ以前は9年間。

このように法人化した場合、税制上でも大きなメリットがあります。節税の観点からのみ法人化を考えることは望ましくありませんが、メリットの1つとしてこれを活用することも重要です。目安としては事業主の所得が年600万円を超えるかどうかです。ただし、事業専従者である家族従事者についても、その半分以上の専従者給与を支給していることが前提になります。なお、法人化すると所得税の負担が軽くなる半面、社会保険料の負担が増えることに注意する必要があります。

法人化すると赤字でも最低年7万円の法人住民税均等割が課税されます。したがって、月額30万円（年収360万円）程度の役員報酬を設定して黒字になるのでなければ、法人化のメリットはありません。なぜなら、役員報酬による給与所得控除額による所得税の減少額が、法人住民税均等割の7万円を上回らないと税金が少なくならないからです。年収360万円の場合、給与所得控除額が126万円になりますが、この場合、個人経営のときの青色申告特別控除額の65万円よりも所得控除額が61万円上回ります。これによる節税額は、所得税の税率が5％または10％、住民税の税率が10％となるため、合わせて10万円程度になります。

白色申告の個人経営が法人化する場合には、給与所得控除額の最低額を下回らない限り、所得規模が小さくても法人化のメリットが生ずることになりますが、白色申告の場合には、まず、青色申告に切り替えて簿記記帳などの経営管理能力を向上させてから法人化する方が無難です。

表2-4. 給与所得控除額（2020年分以降）

収入金額	給与所得控除額
162.5万円以下	55万円
162.5万円超180万円以下	収入金額×40％－10万円
180万円超360万円以下	収入金額×30％＋8万円
360万円超660万円以下	収入金額×20％＋44万円
660万円超850万円以下	収入金額×10％＋110万円
850万円超	195万円

2）法人化の注意点

(1) 社会保険料負担の増加

法人化によって社会保険料負担が増加する点に注意が必要です。厚生年金保険料も含めた社会保険料全体を税金と同様の負担と考えた場合、法人化によってむしろ経営全体の税・社会保険料負担は増えることになります。また、法人化の際には、家族従事者や従業員分の社会保険料の負担増も考慮しなければなりません。とくに、従業員の分の社会保険料については、従業員の数が多いほど法人化に伴う社会保険料の負担が大きくなりますが、社会保険料は人材確保による経営発展のために必要なコストと考えて割り切る覚悟も必要です。

ただし、医療など健康保険の給付内容は、基本的に保険料に連動しないものの、厚生年金の受取額は保険料に比例します。つまり、厚生年金保険料は老後の備え、いわば貯蓄のようなものと考えることができます。そこで社会保険料のうち健康保険料のみを純粋な負担とした場合、所得税・住民税と健康保険料の合計は、会社負担分を含めても法人化後の方が少なくなり、有利になります。なお、家族従事者の多い経営ほど、家族全体の社会保険料負担の増加によって法人化の金銭的メリットは少なくなりますが、一方で、就業条件の充実により後継者の確保が図りやすくなることも法人化のメリットとなります。

(2) 搾乳牛・繁殖牛の共済金への課税

個人の畜産・酪農経営の場合、固定資産である搾乳牛・繁殖牛などの生物が死亡した場合、受領した受取共済金のうち資産損失（帳簿価額＋売却経費－売却収入）を超える部分について所得税が非課税となります。しかしながら、法人の場合、受取共済金に通常通り法人税が課税され、非課税扱いにはなりません。

(3) みなし譲渡所得課税

法人に対して時価の２分の１未満の価額で譲渡したときは、時価で譲渡したものとして譲渡した本人の譲渡所得として課税されることになります。

一方、時価を下回る金額で持分の譲渡を受けた相手方の法人には、時価と譲渡対価との差額を受贈益として法人税が課税されます。

2 家族経営が選ぶ法人形態と設立手続き

1）家族経営の法人形態は株式会社が基本

株式会社や合同会社には、事業の制限がないのが大きなメリットです。これに対して、農事組合法人の場合、実施できる事業は、農業及び農業関連事業に限られます。このため、農事組合法人の場合、本来、農作業以外の作業を請け負うことができないなど、事業の発展に制約があります。また、畜産経営については、農事組合法人としても法人事業税が非課税とはなりませんので、農事組合法人にするメリットはありません。

(1) 会社法人と農事組合法人の違い

株式会社や合同会社は出資者が１人でも設立できますが、農事組合法人の場合、出資者が３人以上必要となります。家族経営であっても家族従事者が３人以上いれば、３人以上の家族従事者が出資者となって農事組合法人を設立することができます。農事組合法人には「特殊支配同族会社の役員給与の損金不算入」が適用されなかったため、かつては農事組合法人を選択することもありましたが、この制度が廃止されたため、家族経営で農事組合法人を選択するメリットはほとんどなくなりました。

数戸共同で法人化する場合には、農事組合法人はお勧めできません。なぜなら、農事組合法人の１人１票制が迅速な意思決定を妨げることが多いからです。また、数戸共同の場合、設立当初は経営目的などについて共通認識ができており、参加意識も高いのですが、数年もすると構成員の間で協業経営に対する温度差が生まれてきます。このとき経営者が新しい事業展開などをしようとしても、組合の意思決定としては保守的な判断になりがちです。さらに、資本充実のため、経営者が増資を引き受けようとしても、１人１票制のもとでは増資しても経営のイニシアティブを取ることは難しいのが現実です。これに対して、家族経営を法人化する場合、経営者が誰であるかは明確になっており、農事組合法人にしたからといって意思決定が問題になることはないでしょう。

なお、農事組合法人として設立した場合であっても、株式会社に組織変更することができ、組織変更に伴って法人税がかかることはありません。一方、株式会社は農事組合法人に組織変更することができないため、どうしても農事組合法人にしたい場合には、新規に農事組合法人を設立する必要があります。この場合、旧経営体である株式会社は休眠させるか解散することになりますが、解散した場合には清算所得に課税されて法人税の負担が生ずることがあります。

(2) 株式会社と合同会社の違い

株式会社と合同会社のいずれも農地所有適格法人になることができますが、株式会社の場合、公開会社でないものに限られます。農地所有適格法人としての農地の権利取得や税務上の取扱いにおいて、両者にとくに違いはありません。

しかしながら、農地所有適格法人における議決権要件との関係で、株式会社と合同会社とでは農業関係者以外からの出資による資金調達に違いがあります。株式会社の場合は農業関係者の議決権が過半であれば良いことから、無議決権株式であれば出資による資金調達について株主の数や出資の額に制限がありません。これに対して、合同会社の場合は農業関係者が社員（出資者）の過半でなければならないため、農業関係者以外の社員は社員総数の半数未満でなければならず、増資による資金調達が事実上、制限されることになります。

株式会社のメリットとしては、合同会社よりも知名度が高いため、人材確保や取引先の開拓において有利になることがあります。一方で、デメリットは、合同会社に比べて設立費用や運営費用が掛かることです。

合同会社のメリットは、設立費用や運営費用が安いことです。合同会社の設立の際の登録免許税は最低6万円（株式会社の場合は最低15万円）で、定款の認証（株式会社の場合5万円程度）も不要です。また、役員の任期に制限がなく、役員変更がない限り登記が不要で、登記費用を軽減できます。一方で、デメリットとして、費用負担を避ける印象から信用力に欠ける面があります。

表 2-5. 法人形態の違いによる制度の違い

		農事組合法人	合同会社	株式会社（非公開会社）※
根拠法		農業協同組合法	会社法	※特例有限会社を含む。
事業		①農業に係る共同利用施設の設置・農作業の共同化に関する事業、②農業経営、③付帯事業	事業一般	
構成員	資格	①農民、②農協・農協連合会、③現物出資する農地中間管理機構、④物資供給・役務提供を受ける個人、⑤新技術の提供に係る契約等を締結する者、⑥アグリビジネス投資育成㈱	制限なし（農地所有適格法人の場合は、農地法により、農業関係者（常時従事者、農地提供者等）以外の議決権を２分の１未満に制限）	
	数	３人以上	１人以上（上限なし）	
構成員である従事者への分配		①給与（確定給与） ②従事分量配当 のいずれかを年度ごとに選択可	給与のみ	
意思決定		１人１票制による総会の議決	１人１票制	１株１票制
役員の人数		①理事１人以上（必置・組合員のみ） ②監事（任意・組合員外も可）	業務執行社員	①取締役１人以上（必置・株主外も可）②監査役（任意・株主外も可）
役員の任期		３年以内	制限なし	原則：取締役２年・監査役４年、10年まで延長可（特例有限会社は制限なし）
農業経営の雇用労働力		組合員（同一世帯の家族を含む）外の常時従事者が常時従事者総数の2/3以下	制限なし	
資本金		制限なし	制限なし	
決算公告		義務なし	義務なし	義務あり（特例㈲義務なし）
法人税	税率	①構成員に給与を支給しない法人（協同組合等） 年所得800万円以下　15% 年所得800万円超　19% ②上記以外（普通法人）　同右	資本金１億円超の法人　※23.2% 資本金１億円以下の法人 年所得800万円以下　15% 年所得800万円超　※23.2% ※2018年４月以後開始事業年度	
	その他	同族会社の留保金課税の適用なし（会社でないため）	同族会社の留保金課税の適用あり（平成19年度税制改正で中小企業を除外）	
事業税		農地所有適格法人が行う農業（畜産業、原則として農作業受託（注）を除く）は非課税 特別法人年400万円超4.9%注 上記以外は右記の資本金１億円以下の法人と同じ	資本金１億円超の法人　外形標準課税 資本金１億円以下の法人 年所得400万円以下　3.5% 年所得400万円超800万円以下　5.3% 年所得800万円超　7.0% 注．2019年10月以後開始事業年度	
定款認証		不要	不要	要（５万円程度）
設立時の登録免許税		非課税	資本金の7/1000 （最低６万円）	資本金の7/1000 （最低15万円）
組織変更		株式会社に変更可 合同会社への直接変更は不可	株式会社に変更可 農事組合法人への変更は不可	合同会社に変更可 農事組合法人への変更は不可

2）法人設立の時期

(1) 耕種農業

耕種農業では、一般に、圃場に作物が少ない１月～４月初めの時期を選んで法人を設立することになります。法人が消費税の免税事業者となる場合には、できる限り免税の期間が長く、第１期が丸１年になるように、決算月と設立日を設定します。

(2) 畜産農業

畜産農業では、棚卸資産や固定資産を譲渡すると個人事業としての消費税の納税額が多額になりますので、納税資金に注意する必要があります。このため、年の始めに法人を設立し、第１期目を短くして早めに法人の決算を迎えるようにして、法人の消費税の還付金を個人からの資産の買取代金に充当することで個人の消費税の納税資金を賄うことができます。

たとえば、法人を２月に設立して３月決算とすれば、法人の第１期の申告は５月で８月頃には法人で消費税の還付を受けられます。一方、個人の消費税申告は翌年の３月末日が期限で、振替納税なら４月下旬が納期限となるので、資金繰りに問題が生じません。なお、個人の基準期間における課税売上高が5,000万円以下の場合には、前年に簡易課税制度選択届出書を提出し、法人設立の年に個人が簡易課税の適用を受けると個人の納税額が少なくなります。この場合、棚卸資産だけでなく固定資産についても不動産取得税や登録免許税のかからないものは、設立と同時に法人に譲渡すると良いでしょう。

3）会計期間（決算月）の選択

(1) 耕種農業

法人は個人と違って、決算月を自由に選択することができます。ただし、土地利用型作物の場合、麦作専門の法人でない限り避けた方が良いのが、たとえば７月決算です。７月決算の場合、申告納税は９月になりますが、この時期には早場米地帯でもない限り、まだ稲は未収穫で手元にお金はなく、納税資金に困ってしまいます。このように、農業法人の決算月の選び方によって納税資金に困ることもあるので慎重に検討してください。

一般的には、稲作の場合、12月から３月を決算月としている農業法人が多いようです。なかでも、12月決算が多いようですが、その理由として、個人事業や集落営農組織の時代からの名残りや稲作の生理的サイクルなどがあげられます。12月決算であれば、実際の決算作業や申告納税は2月になりますが、この時期は農閑期に当たるため、農業法人の都合からいえば時期として悪くはありません。

しかしながら、大豆について畑作物の直接支払交付金の数量払交付金が生産年の翌年3月に交付されることから、12月決算とした場合には2月末申告となり、原則としてこれらの交付金を決算に織り込むことができなくなります。令和元年産から収入保険制度が始まりましたが、12月決算2月末申告とした場合、大豆の畑作物の直接支払交付金が保険期間の翌期間の収益になるため、大豆の収入減収による保険金の支払いが1年遅れになったり、経営全体で実質的に10％を超える減収となっても大豆に関する収入が2期にわたって計上されることで保険金が支払われなかったり不利になることがあります。このため、大豆を栽培する法人で収入保険制度に加入する見込みの法人においては、少なくとも1月以降の決算月として畑作物の直接支払交付金を未収計上することをお勧めします。

また、大豆に係る畑作物共済の共済金の入金は、災害を受けた収穫期の翌年4月中旬ごろになることもあります。この場合、12月決算（2月末申告）や1月決算（3月末申告）の場合、大豆に係る畑作物共済の共済金の入金額を確認できず、見積額により確定申告をすることになります。

なお、1月決算とする場合は、毎事業年度の通常総会の招集を4月としたうえで、法人税について「申告期限の延長の特例の申請書」を提出するようにしてください。「申告期限の延長の特例の申請書」の「法人税の額の計算を了することができない理由」欄には「定款の規定により『毎事業年度1回4月に通常総会を招集する』としているため」などと記載します。「申告期限の延長の特例の申請書」は、最初に適用を受けようとする事業年度終了の日までに提出します。ただし、申告期限の延長の特例が認められた場合、延長された期間について利子税を納付する必要があります。利子税の額は、法定納期限の翌日から延長期間中の未納税額に対し納付する期間の日数に応じ、納付すべき本税の額に0.9％（特例基準割合、本則は7.3％）を乗じて計算します。ただし、延長前の申告期限までに「見込納付」をすることで利子税の負担を避けることができます。

また、法人税の申告期限の延長の特例の適用を受ける法人が、「消費税申告期限延長届出書」を提出した場合には、消費税の確定申告の期限が1か月延長されます。「消費税申告期限延長届出書」は、特例の適用を受けようとする事業年度終了の日の属する課税期間の末日までに提出します。消費税についても、その延長された期間に係る利子税を併せて納付することとなりますが、消費税が還付になる場合に利子税は生じません。

(2) 畜産農業

畜産の法人の場合には、作物の生理的サイクルに影響を受けませんが、肉用牛、養豚及び採卵鶏の経営安定対策が原則として四半期を計算期間としているため、補填金等を未収計上する場合に備えて、3月、6月、9月、12月のいずれかを選択するのが無難です。

4）資本金の決定

畜産経営など多額の棚卸資産がある経営を法人化する場合には、法人が設立時に棚卸資産を譲り受けることで、課税売上げを上回るような多額の課税仕入れとなることがあります。こうした場合、法人が課税事業者となることで消費税の還付を受けることができます。資本金を1,000万円以上とすれば「新設法人」として、設立から2事業年度が課税事業者となります。このため、畜産経営などのように多額の運転資金を要する経営は、資本金を1,000万円以上とすると良いでしょう。

ただし、資本金が1億円を超えると、年800万円以下の金額に対する法人税の軽減税率が適用されなくなったり、通常の法人税に留保金課税が上乗せされたりしますので注意が必要です。このため、資本金は1億円以下としておくのが無難です。なお、農事組合法人の場合は、会社法人ではないので、たとえ同族経営であっても同族会社になりません。

なお、資本金が1,000万円を超えると、法人住民税の均等割が7万円（道府県民税2万円、市町村民税5万円）から18万円（道府県民税5万円、市町村民税13万円）と負担が増えます（資本金1億円以下で従業者数50人以下の場合）。資本金が1,000万円を超えるとほとんどの場合、1億円までは税務上の取扱いは変わりません。ただし、中小企業投資促進税制の税額控除は資本金3,000万円以下の場合に限り、適用されます。

なお、資本金1,000万円未満で設立した法人が当初から課税事業者となるには「消費税課税事業者選択届出書」を提出する必要があります。

5）定款作成のポイント

(1) 株式の譲渡制限

農地所有適格法人の法人形態要件を満たすうえで、株式会社は公開会社でないことが条件になりますので、定款に株式の譲渡制限の規定が必要になります。農地所有適格法人に該当するかの判断に当たっては、株式会社の場合、その発行する全部の株式の内容として譲渡による当該株式の取得について当該株式会社の承認を要する旨の定款の定めを設ける必要があります（「農地法関係事務に係る処理基準について」）。

たとえば、株式の譲受人が従業員以外の者である場合に限り承認を要する等の限定的な株式譲渡制限では農地所有適格法人に該当しません（同上）。このため、株式の譲渡制限の規定において「ただし、当会社の株主に譲渡する場合には、承認をしたものとみなす。」といった条文を追加することは避けた方が良いでしょう。

(2) 定款の記載例

（株式の譲渡制限）
第○条　当会社の発行する株式の譲渡による取得については、当会社の承認を受けなければならない。

(3) 目的

農地所有適格法人の事業要件を満たすうえで、その法人の主たる事業が農業及び農業関連事業である必要がありますので、定款の目的もこれに合わせた表現とします。

（目的）
第２条　当会社は、次の事業を行うことを目的とする。
(1) 農畜産物の生産販売

(2) 農畜産物を原材料とする加工品等の製造販売
(3) 農畜産物の貯蔵、運搬及び販売
(4) 農業生産に必要な資材の製造販売
(5) 農作業の受託
(6) 前各号に附帯関連する一切の事業

(4) 取締役

農地所有適格法人の役員要件を満たすうえで、取締役の過半の者が法人の農業（関連事業を含む）に常時従事（原則年間150日以上）する株主であることが必要ですので、取締役は基本的には株主から選任することになります。

なお、100％子会社（完全子会社）で親会社の取締役が子会社の取締役を兼任する場合は、親会社の常時従事する株主である取締役から子会社の取締役を選任することになります。

3 補助事業資産を含めた個人から法人への事業資産・負債の引継ぎ

1）事業資産の法人への引継方法

棚卸資産のように譲渡しなければならない資産と、土地建物等のように賃貸も可能な資産とがあります。個人（任意組合の構成員を含む。）が消費税の課税事業者の場合、法人への資産（土地を除く。）の譲渡にも消費税がかかります（表2-6参照）。

2）事業資産の引継価格

(1) 農業機械（農機）の引継ぎ

農機については、価格を査定してもらうなどして、時価で譲渡するのが原則です。農機などの動産の場合は、総合課税による譲渡所得となるため、年50万円の特別控除が適用されます。このため、譲渡益が一人当たり年

表 2-6. 資産の種類ごとの引継ぎとその留意点

		解説
現金預金		原則として個人事業の現金預金は法人に引き継がない。資本金として拠出した資金を法人名義の口座を開設して預け入れ、必要に応じて現金化する。 ただし、個人から引き継いだ個人名義の借入金やリース料などの決済のため、個人名義の口座を法人で使用するときは、法人設立日の前日の残高により引き継ぐ。預金の引継ぎには、所得税、消費税とも課税されない。一方、法人では同額を個人からの役員長期借入金とするが、この場合には、法人税も課税されない。
棚卸資産		①肥料、飼料、農薬など原材料、②未収穫農産物、販売用動物など仕掛品、③農産物など製品は、法人に有償で譲渡する。棚卸資産の譲渡による所得は事業所得になるが、帳簿価額で譲渡すれば実質的に課税されない。ただし、個人（任意組合の構成員の場合を含む。）や人格のない社団が納税義務者の場合、消費税がかかる。
農機具等	譲渡	農業用機械、果樹・家畜などの生物は、一般に法人に時価で譲渡する。総合課税の譲渡所得となるが、補助金で取得した減価償却資産を除き、一般に帳簿価額を時価として差し支えないので課税されない。ただし、個人（任意組合の構成員の場合を含む。）や人格のない社団が納税義務者の場合、消費税がかかる。
	貸付	法人に貸し付けた場合には雑所得になるため、赤字が生じても損益通算できず、また、雑所得は青色申告特別控除の対象とならない。
建物・構築物	譲渡	建物・構築物などの不動産は、賃貸するのが一般的だが、譲渡する場合は時価で譲渡する。土地建物等の譲渡所得として分離課税になるが、一般に帳簿価額を時価として差し支えないので課税されない。なお、平成16年度の税制改正により、平成16年以後の土地建物等の長期譲渡所得について100万円の特別控除が廃止された。不動産を譲渡する場合、登録免許税などの登記費用や不動産取得税がかかることに留意する。また、個人（任意組合の構成員の場合を含む。）や人格のない社団が納税義務者の場合、消費税がかかる。
	貸付	個人において不動産の貸付けによる所得は不動産所得となり、青色申告であれば青色申告特別控除（事業的規模でないので10万円）が控除できる。
土地	譲渡	土地は賃貸するのが一般的だが、譲渡する場合は時価で譲渡する。土地建物等の譲渡による所得として譲渡益が分離課税となる。ただし、農業経営基盤強化促進法に基づく農用地利用集積計画などにより農地等を法人に対して譲渡（現物出資を含む。）した場合には800万円の特別控除がある。平成16年度の税制改正により、平成16年以後の土地建物等の譲渡所得についての損失は、他の所得との損益通算、繰越が認められなくなったので注意が必要である。 土地の譲渡について消費税は非課税である。
	貸付	個人において不動産の貸付けによる所得は不動産所得になるが、不動産所得に係る損益通算の特例により、土地等の取得のために要した負債利子による損失は損益通算されない。したがって、不動産所得が赤字になる場合は、できるだけ早期に個人名義の農地取得資金を弁済するのが望ましい。

50万円以内であれば、実質的には課税されません。

農機の資産査定は、JAの農機センターなどで行う方法のほか、リース会社による余剰農機の買取りや法人に譲渡する農機のリース契約で対応する方法もあります（「農機おまとめリース」）。

〈農機具等資産査定必要項目〉

①メーカー名

②使用開始年月

③使用時間（アワーメーター）

④物件名称、型式

⑤取得価格（税抜）

⑥製造番号

⑦ナンバー有無（届出有無）※自動車として

⑧付属品、アタッチメント有無とその状況

⑨写真（前後左右および標識交付証明証）

(2) 農業施設の引継ぎ

一般的には帳簿価格で引き継ぐことになります。

3）補助事業資産の引継ぎ

補助事業等により個人や集落営農組織などの経営体が取得した農業用機械等を法人化後の組織へ譲渡する場合は財産処分に係る承認を受けることが必要です。この場合、有償譲渡となっても、承認の際に補助条件を承継することを条件に国庫納付を要しないとされれば補助金返還することなく、法人に補助事業資産を引き継ぐことができます。

2018年1月18日付けで補助対象財産の処分等の承認基準を定めた農林水産省経理課長通知が改正され、法人化に伴って補助対象財産を法人へ有償で譲渡または長期間貸付けした場合、経営に同一性・継続性が認められれば補助金返還が不要となりました。

改正前の承認基準では、法人化で補助対象財産を承継する場合、無償譲渡が原則で、集落営農組織のみ有償譲渡が認められていました。ところが、個人が法人に固定資産を無償で譲渡すると「みなし譲渡所得課税」によって時価で譲渡したものとして所得税が課税されます（所法59）。また、有償でも時価の2分の1未満の対価の場合、みなし譲渡所得課税が適用され、高い国庫補助率のために圧縮記帳後の帳簿価額が時価の2分の1未満となる補助対象財産を譲渡すると譲渡所得税の負担が生ずることが問題となっていました。

別紙様式第１号（第３条第１項関係）

財産処分承認申請書

番　　　　　号
年　　月　　日

殿

補助事業者等　氏　　　名
（又は住　所
団体名
代表者　　氏　　　名）

○○年度○○○○補助金により取得した（又は効用の増加した）財産について、補助金等に係る予算の執行の適正化に関する法律（昭和30年法律第179号）第22条の規定に基づき、下記のとおり処分したいので、補助事業等により取得し、又は効用の増加した財産の処分等の承認基準第３条第１項の規定により、承認申請します。

なお、本申請の承認後、当該承認に係る処分内容と異なる財産処分を行おうとする場合、当該承認に付された条件を満たすことができなくなった場合又は当該財産処分を取りやめることにより補助目的に従った補助対象財産の使用を継続しようとする場合には、速やかに貴職にその旨を報告し、指示に従うことといたします。

記

１　処分の理由及び今後の利用方法等

（1）　処分を行う理由

（2）　今後の利用方法（処分区分）

（（注）　今後の利用方法等、具体的に記述すること。）

２　処分の対象財産

（1）　財産の名称、補助事業名、所在、型式、数量

（2）　事業費、補助金額、補助率

（3）　耐用年数（処分制限期間）、経過年数

（4）　現況図面又は写真（添付）

３　処分予定年月日

４　その他参考資料

（注１）　財産処分により収益が見込まれる場合には、収益の内容がわかる資料を添付すること。
（注２）　処分区分の欄に掲げる「目的外使用」、「補助目的に従った補助対象財産の使用を中止する場合」で、損失補償金を受ける場合には、次の資料を添付すること。
　①　補償契約書等の写し
　②　取り壊し等の工事概要、事業費（予定）
（注３）　処分区分の欄に掲げる「譲渡」のうち「有償」又は「貸付け」のうち「長期間（１年以上）の貸付け」で、備考欄を適用する場合には、次のうち該当する資料を添付すること。
（法人化に伴う場合）
　①　法人化に係る計画書
　②　新設法人への財産処分（承継）計画書
　③　発起人名簿又は定款案（新設法人の組合員、社員又は役員であることが確認できるもの）
（収益力向上を図る場合）
　①　事業計画書（収支計画の対比ができるもの）
　②　株主構成表（株主の保有率が確認できるもの）
　なお、上記の他、農林水産大臣が、議決権を確認できる資料を求めることがある。
（注４）　漁港漁場整備法第37条の２の貸付けの場合には、貸付契約締結後、貸付契約書を提出すること。
（注５）　処分区分の欄に掲げる「担保」で、補助目的の遂行上必要な融資を受ける場合には、資金の使途、決算の状況、資金繰りの状況、収支計画及び返済計画について確認できる資料を添付すること。

別表１（第３条及び第１０条関係）

処分区分			承認条件	国庫納付額	備考
目的外使用	補助目的に従った補助対象財産の使用を継続する場合		国庫納付（ただし、備考の場合は国庫納付は不要とし、当該補助対象財産の利用状況を報告すること（注1））	目的外使用部分に対する残存簿価又は時価評価額のいずれか高い金額に国庫補助率を乗じた金額を国庫納付する。（注4）なお、許認可等を受け、補助対象財産の未活用部分の目的外使用により生じる収益（収入から管理費その他に要する費用を差し引いた額）に国庫補助率を乗じた金額を国庫納付する。	本来の補助目的の遂行に支障を及ぼさない範囲内で、補助対象財産の遊休期間（農閑期等補助対象財産を使用しない期間）内に一時使用する場合で、本来の補助目的の遂行に支障を来さない範囲内で、他の法令に基づく許認可等（注3）を受けて補助対象財産の未活用部分について使用する場合、又は自己の責任において当該補助対象財産と同等の機能を有する他の財産を新たに確保し、補助条件を承継する場合は、国庫納付を要しない
	補助目的に従った補助対象財産の使用を中止する場合	道路拡張等により取壊す場合	国庫納付	財産処分により生じる収益（損失補償金を含む。）に国庫補助率を乗じた金額を国庫納付する。	自己の責に帰さない事情等やむを得ないものに限る。
		上記以外の場合	国庫納付	残存簿価又は時価評価額のいずれか高い金額に国庫補助率を乗じた金額を国庫納付する。（注4）	
譲渡	有償		国庫納付（ただし、備考の場合は国庫納付は不要とし、当該補助対象財産の利用状況を報告すること（注2））	譲渡契約額、残存簿価又は時価評価額のうち最も高い金額に国庫補助率を乗じた金額を国庫納付する。（注4）	以下のいずれかに該当し、補助対象財産の処分制限期間の残期間内、補助条件を承継する場合は、国庫納付を要しない。 ア　補助対象財産の所有者の法人化に伴い、当該補助対象財産を設立された法人へ譲渡し、経営に同一性・継続性が認められる場合 イ　補助対象財産を所有する法人が、事業の効率化等による収益力の向上を図るため、当該補助対象財産を当該法人が議決権の過半数を有する別法人に譲渡する場合
	無償		国庫納付（ただし、備考の場合は国庫納付は不要とし、当該補助対象財産の利用状況を報告すること（注2））	残存簿価又は時価評価額のいずれか高い金額に国庫補助率を乗じた金額を国庫納付する。（注4）	補助対象財産の処分制限期間の残期間内、補助条件を承継する場合は、国庫納付を要しない。
交換	下取交換の場合		補助対象財産の処分益を新規購入費に充当し、かつ、旧財産の処分制限期間の残期間内、新財産が補助条件を承継すること		
	下取交換以外の場合		交換差益額を国庫納付、かつ、旧財産の処分制限期間の残期間内、新財産が補助条件を承継すること	交換差益額に国庫補助率を乗じた金額を国庫納付する。	原則、交換により差損が生じない場合に限る。
貸付け	有償（遊休期間内の一時貸付け）		収益について国庫納付、かつ、本来の補助目的の遂行に影響を及ぼさないこと	貸付けにより生じる収益（貸付けによる収入から管理費その他の貸付けに要する費用を差し引いた額）に国庫補助率を乗じた金額を国庫納付する。	
	無償（遊休期間内の一時貸付け）		本来の補助目的の遂行に影響を及ぼさないこと		
	長期間（1年以上）の貸付け		国庫納付（ただし、備考の場合は国庫納付は不要とし、当該補助対象財産の利用状況を報告すること（注2））	残存簿価又は時価評価額のいずれか高い金額に国庫補助率を乗じた金額を国庫納付する。（注4）なお、漁港漁場整備法（昭和25年法律第137号）第37条の2の規定により認定を受けた場合は、貸付けにより生じる収益（貸付けによる収入から管理費その他の貸付けに要する費用を差し引いた額）に国庫補助率を乗じた金額を国庫納付する。	以下のいずれかに該当し、補助対象財産の処分制限期間の残期間内、補助条件を承継する場合は、国庫納付を要しない。 ア　補助対象財産の所有者の法人化に伴い、当該補助対象財産を設立された法人へ長期間貸付けし、経営に同一性・継続性が認められる場合 イ　補助対象財産を所有する法人が、事業の効率化等による収益力の向上を図るため、当該補助対象財産を当該法人が議決権の過半数を有する別法人に長期間貸付けする場合
担保	補助目的の遂行上必要な融資を受ける場合		担保権が実行される場合は国庫納付、かつ、本来の補助目的の遂行に影響を及ぼさないこと	残存簿価又は時価評価額のいずれか高い金額に国庫補助率を乗じた金額を国庫納付する。（注4）	（注5）

（注１）財産処分の承認時に定められた報告期間（又は処分制限期間の残期間内のいずれか短い期間）につき当該補助対象財産の利用状況を報告すること。

（注２）譲渡相手方又は貸付けた者が、財産処分の承認時に定められた報告期間（処分制限期間の残期間内）につき当該補助対象財産の利用状況を報告すること。

（注３）他の法令に基づく許認可等(*)を受けた場合には、当該許認可等を証する書類の写しを承認前に提出すること。
(*)許認可等とは、行政手続法(平成５年法律第88号)第２条第３号に規定する許認可等をいう。

（注４）時価評価額の算出に係る不動産鑑定料が、近傍類似又は同種の財産の時価評価額を上回ることが明らかな場合においては、「残存簿価又は時価評価額のいずれか高い金額」を「残存簿価」に、「譲渡契約額、残存簿価又は時価評価額のうち最も高い金額」を「譲渡契約額又は残存簿価のいずれか高い金額」に読み替えることができる。

（注５）第１０条により担保に係る承認を受けた担保権が実行された場合は、財産処分を行う間接補助事業者等に対し承認を行った補助事業者等又は間接補助事業者等は、国庫納付額の納付を求める上で必要な措置（法的措置を含む）をとるものとし、必要な措置をとったにもかかわらず国庫納付額の一部又は全部の納付を受ける可能性が無くなった場合は、それまでに納付を受けた補助金等の額の国庫補助金等相当額の国庫納付をもって、当該承認に当たって補助事業者等に対し付した条件の履行が完了したものとして取り扱うこととする。

（備考１）上記の返還金算定方式による国庫補助金相当額の返還の上限は、処分する補助対象財産に係る国庫補助金等の支出額とする。

（備考２）国庫補助率については、確定補助率と国庫補助率が異なる場合は確定補助率の数値を用いること。

（備考３）農林水産大臣は、上記の処分区分又は承認条件により難い事情があると認める場合には、他の条件を付すことができる。

（備考４）第１０条により本表を適用する場合は、「補助目的」を「間接補助目的」に、「補助対象財産」を「間接補助対象財産」に、「補助条件」を「間接補助条件」に、それぞれ読み替えるものとする。

改正後は、集落営農以外の法人化でも有償譲渡が認められるようになり、家族経営や数戸共同の法人化でも、補助対象財産の帳簿価額が時価の2分の1以上なら、帳簿価額で譲渡すれば譲渡所得税が課税されません。また、国庫補助率が高く、帳簿価額が時価の2分の1未満となる場合は、個人が法人に有償で長期間貸付けをすることにより、補助対象財産の法人への承継に伴う譲渡所得税の課税を回避できることとなりました。

ただし、補助金返還が不要となるのは、補助対象財産の所有者の法人化に伴って設立された法人へ譲渡し、経営に同一性・継続性が認められる場合です。経営の同一性・継続性とは、法人化後も引き続き同一の個人が経営に携わることを指します。具体的には、補助対象財産を所有している個人が設立後の法人の出資者となることが原則ですが、株式会社を設立する場合は、その株式会社の取締役となればよく、必ずしも株主となる必要はありません。ただし、集落営農組織を法人化する場合は、集落営農の構成員すべてが出資者・株主となり必要があります。なお、法人設立当初に経営の同一性・継続性を満たしたとしても、処分制限期間（原則として法定耐用年数）内に要件を満たさなくなった場合には、補助金返還の対象となりますので留意が必要です。

補助対象財産を有償で貸し付ける場合、補助対象財産の処分制限期間（通常は法定耐用年数）の残期間内、補助条件に従って法人に使用させることになります。この場合、貸し付けた個人の不動産所得または雑所得（補助対象財産が動産の場合）となりますが、貸し付けた個人は法人から給与等の支払いも受けるため、不動産所得や雑所得の合計額が20万円以下となる場合も、確定申告が必要となります。

さらに、2021（令和3）年9月13日付けの農林水産省経理課長通知の改正により、補助対象財産を所有する法人が、事業の効率化等による収益力の向上を図るため、当該補助対象財産を当該法人が議決権の過半数を有する別法人に譲渡する場合は、補助金返還が不要となりました。

2021年改正前の承認基準では、子会社に補助対象財産を承継する場合、無償譲渡が原則で、グループ法人税制が適用される100％子会社の場合を除き、子会社の資産受贈益に課税されることが問題となっていました。

4）農地の引継ぎと法人への特定貸付け

法人化の際、土地は法人に賃貸するのが一般的です。個人が法人に農用地利用集積計画による貸付けなど「特定貸付け」した農地は相続税の納税猶予が受けられますが、農地を法人所有にすると相続税・贈与税納税猶予制度の対象外となります。また、農地中間管理機構を通して法人に農地を貸しても特定貸付けとなり、条件によって機構集積協力金も交付されます。ただし、納税猶予になるのは通常の評価額による相続税額が農業投資価格による相続税額を超えた差額ですので、評価額が農業投資価格を上回らなければ納税猶予のメリットはありません。

贈与税の納税猶予の適用から最低でも20年経過すれば納税猶予を受けたまま農地を「特定貸付け」することができます。贈与税の納税猶予を継続するには、これまで申告書の提出期限から貸付けまでの期間が10年（貸付時の年齢が65歳未満である場合は20年）以上であることが必要でしたが、平成28年度税制改正により、平成28年4月以後、農地中間管理機構（機構）に貸し付ける場合は適用期間にかかわらず納税猶予が継続できるようになりました。このため、贈与税納税猶予適用農地が機構を通して自ら設立した法人にも貸付け可能になりました。

設立した法人に農地を貸し付けて経営継承（第三者移譲）することで農業者年金の特例付加年金や経営移譲年金（旧制度）を受給しながら法人の事業に従事することもできます。ただし、経営移譲年金の受給者が農地所有適格法人の構成員（出資者）となると支給停止になるので、経営移譲年金の受給者となるには法人に出資しない方が良いでしょう。

事業の継続性の観点から、園芸施設や果樹園の農地、農業用施設の敷地を法人所有とすることがあります。また、個人の負債整理のために、法人が融資を受けて個人の土地や施設を買い取る方法もあります。これらの場合は時価で譲渡することになりますが、土地建物等の譲渡所得として譲渡益が分離課税となります。ただし、農用地利用集積計画により農地を譲渡した場合には800万円の特別控除があります。なお、法人に土地を譲渡すると法人の側にも登録免許税などの登記費用や不動産取得税がかかることに注意してください。

5）債務の引継ぎ

資産とともに負債を法人に引き継ぐ場合、融資対象となった物件を債務とともに譲渡し、負債の返済も法人が行っていくことになります。この場合、個人または任意組織の代表者も連帯債務者となる、重畳的債務引受契約によるのが一般的です。

重畳的債務引受では、元の債務者と引受者との負担割合を両者の間で任意に決めることができますので、元の債務者である個人と引受者である法人との負担割合を０対１とする場合は、免責的債務引受と実質的に同じになり、税務上の取扱いも変わりません。

重畳的債務引受において負担割合を０対１とした場合であっても、元の債務者である個人も債務を免れることなく、結果として個人が連帯債務を負う形になります。このため、重畳的債務引受は、免責的債務引受としたうえで法人代表者個人を連帯保証人とする場合と同じ効果があり、税務上の取扱いも変わりません。

ただし、個人の固定資産を法人に譲渡する場合、時価で譲渡するのが原則です。固定資産と併せて負債を個人から法人に承継した場合、固定資産の時価と負債の額との差額を次の仕訳のように未払金（または未収入金）として経理したうえで、差額を精算する必要があります。

（固 定 資 産）×××（長期借入金）×××
　　　　　　　　　　（未　払　金）×××

かりに固定資産の時価が承継した債務を超える場合は、その差額が法人の資産受贈益として課税されることに留意してください。なお、固定資産の時価は、査定によって評価するのが原則ですが、圧縮記帳をした補助事業資産を除いて、実務上は帳簿価額をもって時価とみなすことがあります。

6）個人の農業経営基盤強化準備金の取扱い

(1) 個人の農業経営基盤強化準備金は圧縮記帳で取り崩して法人化

法人化するための手順の注意点としては、まず、法人化する前に個人で積み立てた農業経営基盤強化準備金を取り崩して農業機械・施設を取得して圧縮記帳することです。個人農業で積み立てた農業経営基盤強化準備金は、法人に引き継ぐことができません。このため、農業経営基盤強化準備金の残高がある状態で個人農業を廃業すると、準備金を全額取り崩さなければならず、取崩益に課税されて税負担が重くなります。したがって、個人農業で積み立てた農業経営基盤強化準備金は、圧縮記帳で取り崩してから法人化するのが得策です。

農業経営基盤強化準備金制度で圧縮記帳をして帳簿価額がゼロになった特定農業用機械等については、法人との間で使用貸借契約書を締結して法人に無償で貸し付けます。かりに無償で譲渡すると低額譲渡の規定によって、時価で譲渡したものとみなされて譲渡所得税が課税されるからです。一方、無償で貸し付けると減価償却費が個人の必要経費にならず、税務上は不利になりますが、帳簿価額がゼロの場合には、減価償却費がないため不利になりません。圧縮記帳をしても帳簿価額がゼロにならなかった特定農業用機械等については、時価の２分の１以上の価格で法人に譲渡すると良いでしょう。

(2) 個人の農業経営の一部と認定農業者を継続する方法

法人設立後も、個人農業として過年分の農産物の精算金や経営所得安定対策の交付金を受け取ることがあり、また、法人設立時に栽培中の麦を収穫する必要があるため、これらを受け取るまで個人農業を廃業せずに継続することができます。さらに個人農業の継続期間を延長して園芸作物などの栽培を行うため、個人として認定農業者や青色申告を継続し、圧縮記帳や農業経営基盤強化準備金の積立てに対応できるようにする方法もあります。

また、個人で積み立てた農業経営基盤強化準備金が残った場合、個人経営としての農業経営を継続することで、個人農業で使用する農業用固定資産を取得して圧縮記帳するために農業経営基盤強化準備金を取り崩したり、農業経営基盤強化準備金を数年間に分けて任意に取り崩して総収入金額に算入したりする方法もあります。

4 法人設立後の届出等

1）認定農業者制度における手続き

農業経営基盤強化促進法に基づき、農業者が５年後の経営改善目標を記載した農業経営改善計画を作成し、市町村が作成する基本構想に照らして、市町村が認定する制度です。法人として農業経営基盤強化準備金制度を活用するには、法人として農業経営改善計画を作成して市町村の認定を受ける必要があります。このほか、認定農業者には表2-7のような支援措置があります。

表2-7. 認定農業者等に対する主な支援措置

	措置の内容	対象者		提出期限等		その他の条件
		個人	法人	認定新規就農者	その他	
経営所得安定対策	畑作物の直接支払交付金（ゲタ対策） 米・畑作物の収入減少影響緩和交付金（ナラシ対策）	○	○	○	集落営農	
融資	農業経営基盤強化資金（スーパーL資金）	○	○	×	ー	
税制	農業経営基盤強化準備金制度	○	○	○	ー	青色申告
	農地等に係る贈与税の納税猶予制度	○	×	○	基本構想水準到達者	
補助金	経営体育成支援事業	○	○			
出資	アグリビジネス投資育成㈱及び投資事業有限責任組合（LPS）による出資	×	○	×		
農業者年金	農業者年金の保険料支援（特例付加年金）	○	×	○	家族経営協定を締結した配偶者・後継者等	原則として青色申告

2）税務上の手続き

税務上の手続きなどをまとめたものが表2-8になります。

5 農地所有適格法人制度と「所有と経営の分離」（平成27年農地法改正）

1）農地所有適格法人とは

農地所有適格法人（旧・農業生産法人）とは、農地の所有権を取得することができる法人です。平成27年農地法改正（2016年4月1日施行）によっ

表 2-8. 農業法人設立後の届出等

	書類名	提出条件	提出期限等
税務署	法人設立届出書	必須	2か月以内
	青色申告の承認申請書	法人として青色申告する場合（基本は提出、農業経営基盤強化準備金制度の適用を受ける場合は必須）	3か月以内（設立第1期の期末日の前日まで）
	給与支払事務所等の開設届出書	役員や従業員の給与等の支払事務を取り扱う場合	1か月以内
	源泉所得税の納期の特例の承認に関する申請書	源泉所得税を毎月でなく年2回にまとめて納付する場合	随時（提出の翌月以後に支払う給与等から適用）
	消費税の新設法人に該当する旨の届出書	資本金1千万円以上の場合	速やかに（法人設立届出書への記載で提出不要）
	消費税課税事業者選択届出書	資本金1千万円未満で消費税の還付を受けるために課税事業者になる場合	設立第1期の期末日まで
都道府県	法人設立届出書	必須	1か月以内等
	農事組合法人設立届出書	農事組合法人の場合	2週間以内
市町村	法人設立届出書	必須	1か月以内等
	農業経営改善計画認定申請書	法人として認定農業者になる場合（農業経営基盤強化準備金制度の適用を受ける場合は必須）	随時
年金事務所	健康保険・厚生年金保険新規適用届	社会保険に加入する場合（法人は義務加入）	5日以内
	被保険者資格取得届・被扶養者届	役員に報酬を払う場合や従業員を採用した場合	5日以内
労働基準監督署	保険関係成立届	従業員を採用した場合	10日以内

て、「農業生産法人」の名称が「農地所有適格法人」に改められ、構成員要件及び業務執行役員要件が緩和されました。

平成21年農地法改正（2009年12月15日施行）以前は、農業生産法人でなければ農地を利用して農業を行えませんでしたが、平成21年農地法改正によって農業生産法人でなくても農地を借りて農業を行うことができるようになりました。このほか、農地所有適格法人には、農業経営基盤強化準備金や肉用牛免税などの税制上の特例措置があります。

農地所有適格法人となるには、(1) 法人形態要件、(2) 事業要件、(3) 構成員・議決権要件、(4) 役員要件のすべてを満たす必要があります。

(1) 法人形態要件

> その法人が、農事組合法人、株式会社（公開会社でないものに限る。）、持分会社（合名会社、合資会社、合同会社）のいずれかであること

(2) 事業要件

> その法人の主たる事業が農業（農業関連事業を含む）であること

法人の主たる事業が農業であるかの判断は、「その判断の日を含む事業年度前の直近する3か年（中略）におけるその農業に係る売上高が、当該3か年における法人の事業全体の売上高の過半を占めているかによるもの」（農地法関係事務に係る処理基準）とされています。ただし、法人を新設した場合、直近する3か年の売上高がないため、売上高の見込みで判断することとなります。農地所有適格法人でなかった法人が分社化によって農業に特化した場合も同様に売上高の見込みで判断します。

表 2-9. 農業・農業関連事業の範囲

農業	農業関連事業	左記に該当しないもの
耕作又は養畜の事業	法人の行う農業と一次的な関連を持ち農業生産の安定発展に役立つもの	
	①農畜産物の製造・加工 ②農畜産物の貯蔵、運搬、販売 ③農畜産・林産バイオマス発電・熱供給 ④農業生産に必要な資材の製造 ⑤農作業の受託 ⑥農村滞在型余暇活動施設の設置・運営等 ⑦営農型太陽光発電	・産業廃棄物の回収・処理 ・除雪作業、家畜診療 ・仕入食材によるレストラン ・営農型でない太陽光発電

(3) 構成員・議決権要件

> 農業関係者の議決権が総議決権の過半（2分の1超）であること

平成27年農地法改正によって、法人と継続的取引関係がない者も構成員となることが可能になり、農業関係者以外について議決権を2分の1未満まで持てるようになりました。

農事組合法人については、農地法による構成員要件が無くなりました。ただし、農業協同組合法で農事組合法人の組合員は原則として農民（自ら農業を営むか農業に従事する個人）であることとされています。

図 2-2. 農地を所有できる法人（農業生産法人）の要件等の見直し

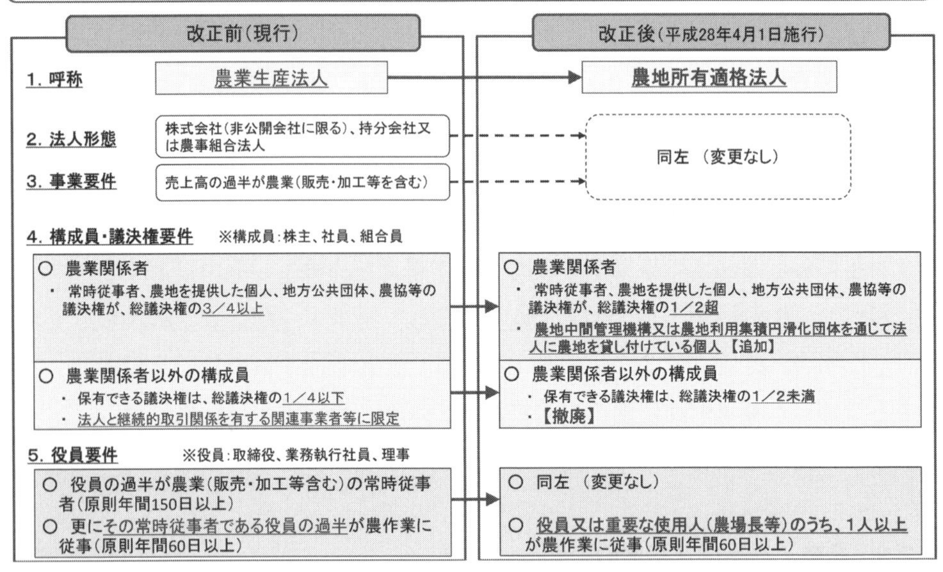

（農林水産省資料）

表 2-10. 農地所有適格法人と農地所有適格法人以外の農業法人（一般農業法人）との比較

		農地所有適格法人	一般農業法人
農地の購入（所有権取得）		できる	できない
農地の借入れ		できる	できる（解除条件付）
税制上の特例措置	農業経営基盤強化準備金	適用可	適用不可
	肉用牛免税	適用可	適用不可
	農事組合法人の農業の法人事業税非課税	適用可	事実上、非該当

表 2-11. 農地所有適格法人の構成員・議決権要件における農業関係者の範囲

	個　人	法　人
農業関係者（議決権制限なし、アンダーラインは農地法以外の法律による根拠のもの）	農地提供者（注 1） 常時従事者（注 2） 基幹的農作業委託者 農業経営改善計画に基づき出資した耕作又は養畜の事業を行う個人の関連事業者等	農地等を現物出資した農地中間管理機構 農業協同組合・同連合会 地方公共団体 アグリビジネス投資育成㈱ 農業経営改善計画に基づき出資した農地所有適格法人の関連事業者等

注.

1) 農地提供者として、その法人に直接に農地等の利用権を設定した個人だけでなく、その法人に農地等を使用収益させている農地利用集積円滑化団体や農地中間管理機構にその農地等の利用権を設定している個人も追加された。

2）その法人の農業に年間150日以上従事する者をいうが、次の算式の日数（最低60日）以上である者を含む。なお、農地提供者を兼ねる者については日数の特例がある。

$$\frac{\text{その法人の農業に必要な年間総労働日数}}{\text{法人の構成員の数}} \times 2/3$$

(4) 役員（経営責任者）要件

次の両方の条件を満たすこと

①業務執行役員要件

業務執行役員の過半の者が法人の農業（関連事業を含む）に常時従事（原則年間150日以上）する構成員（出資者）（注）であること

注．農地所有適格法人（子会社）に出資している会社（親会社）の役員が子会社の取締役を兼務することを子会社の農業経営改善計画に記載している場合は、親会社の農業に常時従事する株主で子会社の農業に年間30日以上従事する取締役を含む。

業務執行役員とは、株式会社では取締役、農事組合法人では理事、持分会社では業務を執行する社員を指します。また、構成員とは、株式会社では株主、農事組合法人では組合員、持分会社では社員を指します。

②役員の農作業従事要件

業務執行役員又は重要な使用人（農場長等）のうち、1人以上が（原則60日以上）農作業に従事すること

平成27年農地法改正によって、経営責任者として農作業に従事する者は、構成員（出資者）である必要がなくなりました。

さらに、令和元年農業経営基盤強化促進法改正によって、①の業務執行役員要件について、農業法人のグループ内において親会社の役員が子会社の取締役を兼務する場合の常時従事要件を特例的に緩和する制度が創設されました。これにより、親会社の役員が子会社の取締役を兼務する場合、子会社が農地所有適格法人の要件を満たすうえで、親会社の役員が子会社の農業に年間30日以上従事すれば良いことになりました。

6 農地所有適格法人による事業持株会社の活用（令和元年農業経営基盤強化促進法改正）

農地中間管理事業の5年後見直しに伴い農業経営基盤強化促進法が改正され、認定農業者の農地所有適格法人について、2019年11月より役員の常時従事要件が緩和されました。農地所有適格法人（子会社）に出資している会社（親会社）の役員が子会社の取締役を兼務することを子会社の農業経営改善計画に記載している場合、その役員は、子会社における法人の農業に常時従事する構成員と同様に取り扱うこととなりました。

その結果、子会社が農地所有適格法人の要件を満たすうえで、親会社の役員が子会社の農業に年間150日以上従事する必要がなくなり、親会社の役員が2つ以上の子会社の役員を兼務できるようになりました。また、子会社のすべての取締役を親会社の取締役が兼任する場合、親会社が子会社の株式の100％を保有して子会社を農地所有適格法人としたまま100％子会社（完全子会社）とすることも可能になりました。この改正によって、事業持株会社だけでなく、農業法人のグループ化やM＆A、第三者への事業承継が活発になると予想されます。

1）持株会社のメリット

令和元年農業経営基盤強化促進法改正（2019年11月1日施行）により、農業法人のグループ企業を一つの事業持株会社の傘下にまとめやすくなります。持株会社が調達した資金を子会社への出資や貸付けによって機動的に配分できるようになり、経営効率の向上が期待できます。

また、持株会社があれば、その持株会社の株式を後継者に移譲するだけで企業グループの事業承継を行うことができます。持株会社を通じて株式を保有することで、グループ企業の株式の分散を防ぐことができ、企業グループの経営支配権を維持しやすくなります。

さらに、持株会社を通して間接的にグループ企業の株式を所有することで、保有子会社の含み益の37％を控除できるなど、株式の評価減も期待できます。先代経営者が大株主となっている会社を新設の会社の子会社としたうえで、子会社の剰余金を株式の配当として親会社に移転することで、先代経営者が保有する子会社の株式の評価を徐々に下げることもでき、相続税の軽減になります。一方、親会社が受け取る子会社からの配当金は「受取配当等の益金不算入」により法人税の課税が大幅に軽減されます。

2）持株会社となるには

農地法では、農業関係者以外の者の議決権を総議決権の２分の１未満に制限していますが、農業経営基盤強化促進法による農地法の特例では、出資先の株式会社が作成した農業経営改善計画に従って、農地所有適格法人が関連事業者として出資することでその株式会社の議決権の２分の１以上を保有することが可能になります。農業経営改善計画の認定基準により、認定農業者の株式会社に関連事業者として出資する法人が農地所有適格法人でない場合は、その議決権は総議決権の２分の１未満に制限されています。

このため、総議決権の２分の１以上を保有して持株会社となるには、持株会社が自ら農地所有適格法人となったうえで、農業経営基盤強化促進法による農地法の特例を活用して子会社の株式を保有することになります。農地所有適格法人となるには、事業要件により、その法人の直近３か年の売上高の過半が農業及び農業関連事業であることが条件となりますので、この場合の持株会社は、自らは事業活動を行わない純粋持株会社でなく、事業持株会社でなければなりません。

3）持株会社に関する税務

(1) 受取配当等の益金不算入

持株会社がグループ企業の資金調達を担う場合、その金利や配当など資金調達コストを子会社からの配当で賄うことになりますが、子会社からの配当については受取配当等の益金不算入によって課税が軽減されます。

具体的には、持株会社が子会社の株式の３分の１超を保有することで配当等の額の全額が受取配当等の益金不算入の対象となり、課税所得金額の計算上、利益の金額から減算できます。ただし、株式保有割合が100％未満の場合は、益金不算入の対象の金額から一定の計算による負債利子の額が控除されますので、100％子会社とすることでさらに有利になります。

法人が配当等の額を受ける場合には、法人が保有する次に掲げる株式等に係る配当等の区分に応じ、それぞれ次に掲げる金額は益金の額に算入しないこととされています。

①完全子法人株式等（株式等保有割合100%）に係る配当等
その配当等の額の全額

②関連法人株式等（株式等保有割合3分の1超）に係る配当等
その配当等の額から負債の利子の額のうち関係法人株式等に係る部分の金額を控除した残額

③その他の株式等（株式等保有割合5%超3分の1以下）に係る配当等
その配当等の額の50%相当額

④非支配目的株式等（株式等保有割合5%以下）に係る配当等
その配当等の額の20%相当額

(2) 株式交換

株式交換とは、子会社となる会社の発行済株式のすべてを親会社となる会社に取得させる手法です。株式交換後には、子会社は100%子会社となり、完全支配関係となります。持株会社となる会社は、対価として新株を発行すれば良く、資金調達の必要はありません。子会社となる会社の株主は、子会社の株式と持株会社の株式を交換することになりますが、株式の譲渡対価が持株会社の株式のみであれば、「株式交換等に係る譲渡所得等の特例」（所得税法第57条の4）により、譲渡はなかったものとみなされるため、譲渡所得税が課税されません。

(3) グループ法人税制

持株会社が子会社の株式の100%を保有して完全支配関係とすることで、グループ内での資産の配置を最適化することもできます。

グループ法人税制では、完全支配関係がある100%グループ内の法人間の「譲渡損益調整資産」の取引について、その譲渡損益が繰り延べられます。繰り延べた譲渡損益は、譲受法人においてその譲渡損益調整資産を譲渡、償却など一定の事由が生じた場合に譲渡法人において計上します。また、完全支配関係がある100%グループ内の法人間の寄附について、寄附をした法人において寄附金の全額が損金不算入となるとともに寄附を受けた法人の受贈益の全額が益金不算入となります。

第３章
農業法人の運営と経営継承

1 農事組合法人の運営

1）従事分量配当のメリットとその活用

(1) 従事分量配当とは

従事分量配当とは、組合員に対してその者が農事組合法人の事業に従事した程度に応じて分配する配当です。農業の経営により生じた剰余金の分配であり、農業経営の事業（2号事業）に対応する配当です。

協同組合等に該当する農事組合法人が支出する従事分量配当の金額は、配当の計算の対象となった事業年度の損金の額に算入します（法人税法60の2)。従事分量配当を支出する前の状態で決算を確定したうえで、剰余金処分によって従事分量配当の支出が決定されます。このため、損益計算書には労務費相当額が計上されないため、剰余金が生ずることになりますが、事業年度終了後の定時総会において事後的に決定した従事分量配当をその事業年度で損金算入することができます。

農事組合法人は、いわゆる「確定給与」を支給しない場合に限って、協同組合等として取り扱われます。つまり、給与制を選択した場合には普通法人、従事分量配当制（無配当の場合を含む。）を選択した場合には協同組合などとなりますが、いずれを選択するかは事業年度ごとに行うことができます。

農事組合法人は、設立当初は従事分量配当制とし、法人の収益性が向上して基幹的従事者の一人当たりの労働分配額が増えてきたら給与制に移行するのが基本的な手順になります。ただし、麦を栽培する集落営農などを法人化した場合、法人設立初年度において農産物の販売がないまま事業年度が終了することとなるときは、その事業年度の剰余金がないことから、従事分量配当をすることができません。このため、従事分量配当制を採用しようとしている場合であっても、設立初年度で売上高がないなどの理由で剰余金が生じない見込みのときは、初年度などに限って給与制とするかまたは定額の作業委託費により組合員に作業委託する方法が考えられます。ただし、作業委託費は、できる限り期末までに支払いを済ませてください。

給与制から従事分量配当制へ変更する場合は、「異動届出書」の「異動事項等」欄に「法人区分の変更」と記載のうえ、異動前を「普通法人」、異動後を「協同組合等」とし、異動年月日には総会決議の日付を記載します。この際、今年度について従事分量配当制を選択する旨を通常総会で決議し、その議事録を添付します。

ポイント

⇒農事組合法人の集落営農法人の場合、基本的には従事分量配当制を採用する。

(2)「従事した程度に応じて分配」とは

従事分量配当は、一般に農作業に従事した時間に応じて支払われるものと考えられていることから、作業日報などにより農作業の時間等を継続的に記録することが必要となります。

ただし、従事分量配当における「従事の程度」とは、単に時間だけで評価するのでなく、作業の質をも考慮すべきであり、作業の種類に応じて従事分量配当の単価を変えることは可能です。農事組合法人定款例においても、従事した日数だけでなく「その労務の内容、責任の程度等に応じて」従事分量配当を行うものとしています。

また、農事組合法人が複数の作目などによる農業経営の事業を行う場合において、部門別の損益の範囲内で従事分量配当を行うため、部門別の損益を明らかにしたうえで、それぞれの従事者に対して作目別の従事分量配当の単価を変えることも、農協法上、とくに問題はなく、税務上も損金算入が認められると考えられます。ただし、圃場を管理する個人別に部門を設定し、その部門損益をそのまま、従事分量配当とした場合、従事した程度に応じた分配とは言えず、損金算入が認められない可能性があるので、注意が必要です。

同様に、出来高払制の圃場管理料は、従事分量配当としては認められない可能性があるため、損金経理による作業委託費として経理することをおすすめします。作業日報に基づかずに支払う場合は、従事分量配当ではなく農作業委託料として支払うことをお勧めします。

ポイント

⇒従事分量配当では、その根拠となる作業内容・作業時間を作業日報に記録する。

(3) 役員報酬と従事分量配当は併給可能

農事組合法人の場合には、定期同額給与としての役員報酬とは別に、従事分量配当として役員に対して労務の対価を支払うことにより、役員給与、従事分量配当の双方について損金算入することができます。

法人税基本通達14－2－4において、役員又は事務に従事する使用人である組合員について「役員又は使用人である組合員に対し給与を支給しても、協同組合等に該当するかどうかの判定には関係がない」としています。このため、たとえば役員である組合員に対して、役員としての役割に役員報酬を支給したうえで、現場における生産活動に従事した程度に応じて別途、従事分量配当を行うことが可能です。

ただし、役員固有の業務について同一の業務を対象として役員報酬と従事分量配当を併給することは認められないと考えられます。また、現場における生産活動に対する報酬を含んだ相当の額の役員報酬を支給しているため、通常の年はその役員に対して従事分量配当を支給していないにもかかわらず、利益の額が大きくなった特定の事業年度について、さらに同一人に対して従事分量配当を行った場合には、利益調整目的と認定されて否認されるおそれがあります。

ポイント

⇒従事分量配当と役員報酬は併給できる。

(4) 従事分量配当は消費税の課税仕入れに

従事分量配当は、①定款に基づいて行われるものであること、②役務の提供の対価としての性格を有すること──から、課税仕入れに該当するという見解が国税庁より示されました。文書回答例「農事組合法人が支払う所得税法施行令第62条第2項に該当する従事分量配当に係る消費税の取扱いについて」においても課税仕入れに該当するとされています。なお、2019年10月に消費税率が8％から10％に引き上げられましたが、「従事分量配当金に係る消費税の適用税率は、農事組合法人の事業年度終了時における税率を適用する」という見解が財務省担当者より示されています。

消費税は、課税売上げに係る消費税額から課税仕入れ等に係る消費税額を控除して計算するのが基本です。このような計算方法による納税を「一般課税」（または「本則課税」）と呼んでいます。一般課税において、課税売上げに係る消費税額よりも課税仕入れに係る消費税額が多く、控除し切れない場合には、消費税が還付になります。

水田活用の直接支払交付金は、消費税の課税対象外となります。このため、受領した交付金等を含めた収益から農事組合法人が従事分量配当を支払った場合、農産物の品代などの課税売上げよりも従事分量配当を含めた課税仕入れが上回ることになり、消費税は還付になります。

消費税率の引上げと同時に飲食料品などを対象に消費税の軽減税率制度が実施されましたが、集落営農の農事組合法人の場合、課税売上げの大半が飲食料品で消費税率が8％であるのに対して、課税仕入れは消費税率が10％となるため、消費税の還付を受けている農事組合法人では、2020年度以降、消費税の還付額が増える（納税額が減る）ことになり、法人化のメリットも増加します。

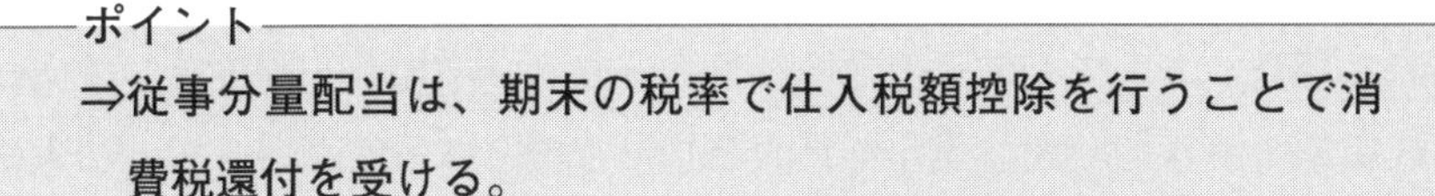

図3-1．従事分量配当の課税仕入れと損金算入の時期

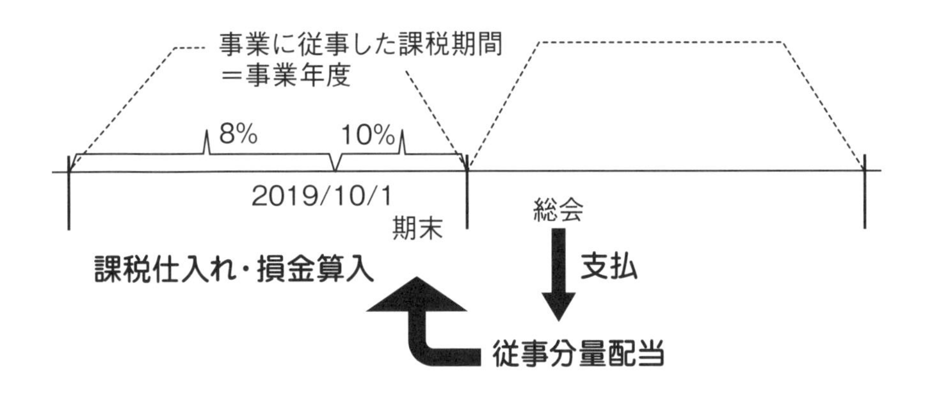

2）圃場管理料や作業委託料の活用

(1) 農地地代は削減する代わりに圃場管理料を支払う

農地地代（小作料）は、土地の貸付けの対価であるため、消費税の非課税取引になります。このため、支払った側では仕入税額控除の対象となりませんので、その分消費税の納税負担が増えることになります。これに対して、圃場管理料を支払うのであれば、水管理・肥培管理など役務の提供の対価として、消費税の課税仕入れになり、その分の仕入税額を消費税の納税額から控除することができます。

稲作などを行う農業経営を営む法人が水管理・肥培管理を構成員などに委託した場合において支払う管理料は、圃場管理料として経理します。

管理料が10a当たり5,000円といった面積当たりの定額制の場合、農事組合法人においては、これを圃場管理料として損金経理する代わりに、従事分量配当として支払って損金算入することも可能です。しかしながら、収入差プレミアム方式などによる出来高払制とする場合には、従事した程度に応じた分配とは言えませんので従事分量配当として支払うことは適切でなく、圃場管理料として損金経理する必要があります。

収入差プレミアム方式など、出来高払制・歩合制によって圃場管理料を支払う場合であっても、その圃場における収入の増加分を限度として支払う仕組みであれば、利益操作を目的としたものとは言えないので、法人税法上、とくに問題はないと考えられます。ただし、事業年度終了の日までに債務の確定しない費用は損金算入しないのが法人税の原則的な取扱いになりますので、債務確定をめぐって問題が生じないよう、できる限り、期末までに圃場管理料の支払いを完了する必要があります。

なお、収入差プレミアム方式による圃場管理料を支払う場合、地権者に直接支払うのではなく、地域資源管理法人に一括して圃場管理料を支払い、収入差によって格差を付けて分配するのは地域資源管理法人に任せてしまう方法もあります。

機械持ち込みの農作業であれば、賃金や従事分量配当ではなく、農作業委託料として労働報酬を支払うことも可能です。機械持ち込みの農作業について、従事分量配当と農機賃借料とに分けて支払う方法もありますが、農作業委託料として支払うことで作業日報の記録を省略することができます。

また、従事した面積に応じて支払う場合、従事分量配当としてではなく、農作業委託料として支払う方法もあります。

ポイント
⇒圃場管理料や作業委託料も消費税の課税仕入れになる。

(2) 消費税の還付を受けるには課税事業者となる

新設の法人が設立第1期から一般課税の適用事業者となるには、資本金を1,000万円以上とするか、設立第1期中に「消費税課税事業者選択届出書」を提出します。資本金を1,000万円以上とした場合、消費税の課税事業者になります。資本金を1,000万円未満とした場合、原則として消費税の免税事業者となりますが、選択により課税事業者となることもできます。この場合は、原則として課税事業者になろうとする課税期間の前課税期間中に「消費税課税事業者選択届出書」を提出することが必要です。

ポイント
⇒新設の法人で消費税が還付になる場合、消費税課税事業者選択届出書を提出する。

2 収入差プレミアム方式の活用

1）収入差プレミアム方式の意義とそのメリット

法人を設立しても、法人設立に参加する農業者が個人農業のときと変わらない意欲をもってもらうことが重要です。そのための工夫の一つが「収入差プレミアム方式」による圃場管理料です。これは、法人化しても、原則として地権者に圃場管理作業を分担してもらい、水管理や肥培管理作業に対する報酬として、出来高払制の圃場管理料を支払うというものです。

収入差プレミアム方式による圃場管理料は、従事分量配当ではなく、作業委託費や圃場管理費など一般の費用として処理します。このため、事業年度末までに確定しておくことが必要です。一番確実なのは、事業年度末までに現金預金による支払いを済ませておくことです。

表 3-1. 収入差プレミアム方式による圃場管理料の計算様式

氏名	圃場	作目	作付面積 ①	10a当たり基準収入 ②	基準収入 ③ =①×②	材料費 ④	実収入 ⑤	収入差プレミアム ⑥ =⑤−（③+④）
A			a	円	円	円		円
B								
C								

注.

② 10a 当たり基準収入

土地利用型作物の場合は、耕起・代かき、田植、収穫などの基幹作業の 10a 当たり作業料金を積み上げた金額を基準収入としたり、収入が最も低かった圃場の収入を基準収入としたりする方法が考えられる。

園芸作物の場合は、基準収入を一般管理費程度の金額（場合よっては無償）とする方法が考えられる。

⑤実収入

実収入には、各圃場ごとの農産物の販売収入及び交付金を記入する。

⑥収入差プレミアム

実収入と基準収入＋材料費との差額をそのまま収入差プレミアムとする（契約書にあらかじめ定めれば、差額に掛け目を乗じて収入差プレミアムを計算しても差し支えない）。

2）収入差プレミアム方式に関するQ&A

Q1 収入差プレミアム方式とは何ですか。そのメリットは何ですか。

収入差プレミアム方式とは、圃場管理作業を契約によって農地所有者等に委任し、その報酬を出来高払いによって支払うものです。プレミアム（premium）とは、報奨金、割増金といった意味ですが、圃場管理作業を委託した圃場から生じた収入が契約で定めた基準収入を上回る場合の差額を圃場管理者に報奨金、割増金として支払うものであることから「収入差プレミアム方式」と呼んでいます。

圃場管理作業の対価を従事分量配当として支払う場合は作業時間を作業日報に記録することが必要となりますが、収入差プレミアム方式では圃場管理作業を委任して作業時間に関係なく管理圃場の収入差によって報酬を支払いますので、圃場管理作業に関する作業日報の記録を省略することができます。

Q2 枝番管理と収入差プレミアム方式とはどう違うのでしょうか。

枝番管理では、農地提供者が基幹作業も含めてすべての農作業を実施することを前提としています。これに対して収入差プレミアム方式では、基幹作業は法人のオペレータが行い、圃場管理作業のみを農地提供者等に委託することを原則としています。また、収入差プレミアム方式では、必ずしも圃場管理作業を農地提供者等に委託する必要はなく、別の管理者に委託することもできます。

枝番管理と収入差プレミアム方式とで管理者の手取りを比較すると次のとおりです。

〈枝番管理〉

管理者の手取り＝管理圃場収入－（管理圃場材料費等＋公租公課等＋農地賃借料）

〈収入差プレミアム方式〉

管理者の手取り＝管理圃場収入－（管理圃場材料費等＋基準収入）

Q3 収入差プレミアム方式を採る場合、圃場管理作業だけでなく、基幹作業も農地提供者に委託することは可能ですか。

収入差プレミアム方式であっても、基幹作業を農地提供者等に委託することは可能です。

10a当たり基準収入を耕起・代かき、田植、収穫などの基幹作業の10a当たり作業料金を積み上げた金額とし、その圃場の作業をした組合員等に収入差プレミアム方式による圃場管理費と基幹作業の作業委託費を合わせて支払えば、枝番管理と手取りが同じになります。

1. 管理圃場収入（①）

①販売金額

137,400円（生産実績より）

2. 管理圃場材料費（①＋②＋③＋④）

①種苗費

②肥料費

③農薬費

④諸材料費

＝24,866円（生産実績より）

3. 基準収入（①＋②＋③）

①公租公課等

農業共済掛金1,298円＋土地改良賦課金3,000円＋共通管理費2,702円＝7,000円

②農地賃借料

15,000円

③基幹作業料金

耕起・代かき7,000円＋田植6,500円＋刈取12,000円＋乾燥調製18,000円＝43,500円

図3-2. 収入差プレミアム方式による10a当たり圃場管理料の計算例

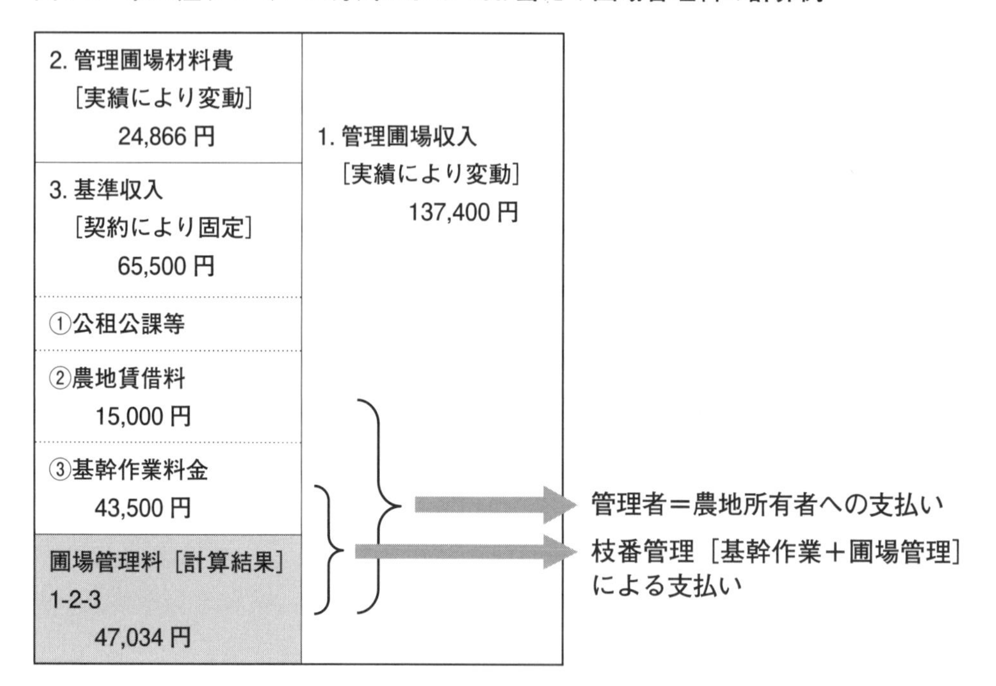

Q4 収入差プレミアム方式による契約はどんなものですか。いつまでに契約書を作成すればよいのでしょうか。

収入差プレミアム方式による契約は、耕作者が地権者などに圃場管理作業を委託するもので、毎年、作物の栽培期間ごとに締結するのが基本です。この契約は、農作業受委託契約の一種ですが、仕事の完成を約したものではないため、請負契約ではなく、委任契約に該当します。このため、収入差プレミアム方式による農作業受委託契約書は、印紙税法上の請負に関する契約書には該当せず、印紙の貼付は不要です。

圃場管理作業の委託は、水管理・肥培管理など圃場管理作業を委託するものですので、水稲の場合、田植作業が終わるまでに収入差プレミアム方式による農作業受委託契約書を締結するのが基本となります。

《収入差プレミアム方式農作業受委託契約書「農作業の委託」欄の記載例》

収入差プレミアム方式の農作業受委託契約書例については巻末の資料(215頁)をご参照ください。

Q5 圃場管理作業と合わせて基幹作業を委託する場合、収入差プレミアム方式による農作業受委託契約書の「委託する農作業」欄に基幹作業の作業名を記載すれば良いのでしょうか。

圃場管理作業と基幹作業を合わせて委託する場合、収入差プレミアム方式による農作業受委託契約書の「委託する農作業」欄に基幹作業の作業名を記載することは望ましくありません。かりに「委託する農作業」欄に基幹作業(耕起・代かき、田植、稲刈)を記載したとしても法的には問題ありませんが、その場合、契約書ごとに「委託する農作業」欄の記載内容と10a当たり基準収入の金額を変えなければならなくなり、かえって手間がかかります。また、圃場管理作業と基幹作業を別の受託者に委託することもできるようにするため、契約書を作成する場合は、別途、農作業受委託契約書を作成するようにしてください。

ただし、基幹作業について農作業受委託契約書を作成した場合、印紙税の納付が必要です。また、圃場管理作業について収入差プレミアム方式による農作業受委託契約書を作成している場合には基幹作業について農作業受委託契約書が無くても農作業を行う圃場の特定が可能であり、農作業の実施を巡って当事者間で紛争が起きるとは考えられません。このため、基幹作業について契約書の作成を省略することも考えられます。具体的には、10a当たりの耕起・代かき、田植の作業料金を示した農作業料金表を委託者が作成して、これに基づいて農作業委託料を計算し、圃場管理料とともに支払う方法が考えられます。

なお、基幹作業についての農作業受委託契約書は、請負人がある仕事の完成を約し、注文者がこれに報酬を支払うことを約束することによって成立する契約であり、印紙税額一覧表の第2号文書「請負に関する契約書」に該当します。印紙税は、記載された契約金額が1万円以上100万円以下の場合、200円になります。

Q6 収入差プレミアム方式において圃場管理を委託する圃場や相手方に制限はありますか。

法人が利用権を有する圃場であれば圃場管理を委託することができ、また、委託する相手方についての制限はなく、法人の構成員（組合員、株主）以外でも構いません。委託する圃場や相手方は、収入差プレミアム方式による農作業受委託契約書によって定めることになります。

なお、いわゆる枝番管理と同様の運用とする場合には、原則として圃場管理を農地所有者に委託することになりますが、この場合、基幹作業についても別途の農作業受委託契約書によって農地所有者に農作業を委託することになります。

Q7 収入差プレミアム方式の圃場管理作業は、農地提供者以外にも委託することは可能ですか。

収入差プレミアム方式では、基幹作業は法人のオペレータが行い、圃場管理作業のみを農地提供者等に委託することを原則としています。

ただし、必ずしも圃場管理作業を農地提供者等に委託する必要はなく、別の管理者に委託することもできます。

Q8 米価下落などで実際の管理圃場収入が基準収入を下回った場合、収入差プレミアム方式による圃場管理料はどうなるのでしょうか。

任意組合における枝番管理ではマイナスとなる場合も含めて任意組合の損益を按分することになりますが、法人における収入差プレミアム方式では、圃場管理を委託する農作業受委託契約書において特段の定めをしない限り、圃場ごとの損益がマイナスになっても圃場管理料を支払わないことになるだけで、受託者から赤字分を徴収することはありません。このため、圃場ごとの損益がマイナスになった場合には、法人の損益に影響を及ぼすことになります。ただし、圃場ごとの損益がマイナスになった場合にその赤字に相当する損失補填金を法人に支払う旨を契約書に定めることも可能で、その場合は法人の損益に影響を及ぼしません。

なお、法人の圃場管理作業について、収入差プレミアム方式による作業委託ではなく、従事分量配当によることとしている場合においても、その対象となる剰余金がないときは、従事分量配当を支払うことができません。

Q9 収入差プレミアム方式が法人の利益調整とみられることはないのでしょうか。

収入差プレミアム方式とは、この方式による農作業受委託契約書に記載した圃場における販売収入等の額が、その圃場ごとに定めた基準収入の額とこれらの圃場において使用された材料費の額との合計額を上回る金額を受託者である圃場管理者に農作業委託料として支払う方式です。

ところで、法人税法では、その事業年度終了の日までに債務の確定した費用を損金の額に算入すべき金額としています(法人税法第22条第3項)。また、この場合の債務の確定とは、その事業年度終了の日までに、①その費用に係る債務が成立、②その債務について原因となる事実が発生、③その金額を合理的に算定可能——のすべてを満たす場合をいいます。

収入差プレミアム方式では、①農作業受委託契約書の締結によって農作業委託料の支払いに係る債務が成立、②農産物の販売等によって原因となる事実が発生、③その事業年度の契約圃場における販売収入と材料費及び契約書記載の基準収入から農作業委託料の金額が算定可能であることから、その費用は事業年度終了の日までに債務が確定し、損金算入することができます。

このように、収入差プレミアム方式による農作業委託料は、法人の決算利益によって変えることはできません。このため、収入差プレミアム方式による農作業委託料によって法人の利益調整をすることはできません。

Q10 圃場管理料は農業所得の雑収入として申告してよいのでしょうか。

農業所得とは、原則として圃場作物の栽培を行う事業であり、農業所得のある者が受け取る請負契約に基づく農作業委託料や委任契約に基づく圃場管理料は農業の遂行に付随して生じた収入として農業所得の総収入金額（雑収入）となります。

一方、農業所得のない者が受け取る農作業委託料や圃場管理料は、厳密に言えば農業以外の事業所得（営業等所得）に該当しますが、これらの所得が少額（個人事業税の事業主控除の290万円以下）である場合には、農業所得用の青色申告決算書（収支内訳書）により申告しても差し支えないと考えます。

なお、農事組合法人から受ける従事分量配当のうち、農業の経営から生じた所得を分配したと認められるものは、事業所得に係る総収入金額に算入します（所得税基本通達23～35共－4）。このため、出役の対価を給与ではなく、従事分量配当とすることで、出役の対価による収入が農業所得となり、圃場管理料の収入も付随収入として農業所得となります。

3 一般社団法人の運営と管理

1）一般社団法人の事業運営

(1) 一般社団法人の事業内容

一般社団法人が行うことのできる事業に制限はありません。ただし、法人税法で定めた収益事業（特掲34業種）を行う場合には、法人税等の申告・納税を行う必要があります。

(2) 一般社団法人の運営

一般社団法人は、法人自体の名義で預金口座の開設や不動産などの財産の登記・登録が可能となり、対外的な権利義務関係が明確になります。

一般社団法人は、株式会社のように営利を目的とした法人ではないため、社員（構成員）や設立者に剰余金や残余財産の分配を受ける権利を付与することはできません（一般法人法第11条）。ただし、社員が法人の事業に従事した場合は、給与（賃金・賞与）などとして対価を支払うことができます（一般社団法人と会社法人・農事組合法人との比較については023頁、表1-3参照）。

2）一般社団法人の会計

(1) 一般社団法人の会計基準

一般社団法人が適用する会計基準について、特に義務づけられている会計基準はなく、一般に公正妥当と認められる会計の基準その他の会計の慣行によることが求められます。現実的には、主に「公益法人会計」と「企業会計」の2種類が考えられます。

具体的に作成する財務諸表の種類としては、計算書類として①貸借対照表、②損益計算書、その附属明細書を作成することになります。公益法人会計基準では、一般法人法上の損益計算書に相当するものを正味財産増減計算書と呼んでいます。また、公益法人会計基準による貸借対照表では、企業会計基準における「純資産の部」を「正味財産の部」と呼んでいます。

農業経営を行わない一般社団法人については、交付金や寄附金による収入が収益の大部分を占めることから、これらの収益を適切に表示するためには、企業会計基準ではなく、公益法人会計基準による正味財産増減計算書を作成することが考えられます。

表 3-2. 公益法人会計基準の正味財産増減計算書と企業会計基準の損益計算書の比較

公益法人会計基準	企業会計基準
正味財産増減計算書	損益計算書
Ⅰ　一般正味財産増減の部	Ⅰ　経常損益の部
1. 経常増減の部	1. 営業損益の部
(1) 経常収益	売上高
受取会費	
事業収益	○○売上高
受取交付金等	
受取寄付金	
経常収益計	売上高計
	売上原価
	売上総利益
	販売費及び一般管理費
(2) 経常費用	
事業費	
賃金	
作業委託費	
・・・・・・・・・・・・・・・	
管理費	
役割報酬	役割報酬
・・・・・・・・・・・・・・・	
経常費用計	
当期経常増減額	営業利益
2. 経常外増減の部	2. 営業外損益の部
(1) 経常外収益	営業外収益
固定資産売却益	一般助成収入
・・・・・・・・・・・・・・・	・・・・・・・・・・・・・・・
	雑収入
経常外収益計	営業外収益計
(2) 経常外費用	営業外費用
固定資産売却損	支払利息
・・・・・・・・・・・・・・・	・・・・・・・・・・・・・・・
	雑損失
経常外費用計	営業外費用計
当期経常外増減額	経常利益
当期一般正味財産増減額	

Ⅱ　指定正味財産増減の部	Ⅱ 純損益の部
受取補助金等 当期指定正味財産増減額 指定正味財産期首残高 指定正味財産期末残高	特別利益 固定資産売却益 国庫補助金収入 特別損失 固定資産売却損 税引前当期純利益 法人税、住民税及び事業税 当期純利益
Ⅲ 正味財産期末残高	

(2) 一般社団法人の決算

①非営利性の確認

非営利性を守るということは、利益を出してはいけないということではなく、利益を分配してはいけないということです。ただし、役員報酬や給料、作業委託費など、役務提供の対価として支払うことは問題ありません。利益の分配を行ったと見られることがないよう、役務提供の対価以外で構成員に支払いが行われていないか確認する必要があります。

②区分経理

法人税法における収益事業と収益事業以外の事業を行っている場合には、区分経理をしたうえで、収益事業に係る所得について法人税を申告する必要があります。収益事業と収益事業以外の事業とに共通する費用又は損失の額は、継続的に、資産の使用割合、従業員の従事割合、資産の帳簿価額の比、収入金額の比その他当該費用又は損失の性質に応ずる合理的な基準により収益事業と収益事業以外の事業とに配賦し、これに基づいて経理します（法人税基本通達 15 － 2 － 5）。収益事業以外の事業に属する金銭その他の資産を収益事業のために使用した場合においても、これにつき収益事業から収益事業以外の事業へ賃借料、支払利子等を支払うこととしてその額を収益事業に係る費用又は損失として経理することはできません。

3）一般社団法人の税務

(1) 一般社団法人における法人税の取扱い

①非営利型法人の法人税非課税

一般社団法人のうち非営利型法人に該当するものは、法人税法上「公益法人等」として取り扱われ、法人税法で定めた収益事業（特掲34業種）にのみ法人税が課税されます。一方、非営利型法人に該当しない一般社団法人は、普通法人として取り扱われます。

交付金による地域資源管理活動や農業はこの場合の34業種の収益事業のいずれにも該当しません。このため、地域資源管理活動や農業など非収益事業のみを行う非営利型法人の一般社団法人は、法人税が課税されないため、法人税の申告をする必要もありません。

請負業は34業種の収益事業の一つですので、農作業のために行う請負業を行った場合にはその事業の損益が赤字であっても法人税の申告が必要となります。しかしながら、地方公共団体の議決権を半数以上とすることで、法人税法上、農作業のために行う請負業が非収益事業として取り扱われ、法人税非課税になります（法人税法施行令第5条）。このことで、非営利型法人の一般社団法人（「地域資源管理法人」）が草刈作業や水管理・肥培管理作業を受託しても、他に収益事業を営まない限り、法人税の申告が不要になります。

②非営利型法人とは

非営利型法人には、「非営利性が徹底された法人」と「共益的活動を目的とする法人」とがあります。

A. 非営利性が徹底された法人

定義：その行う事業により利益を得ること又はその得た利益を分配することを目的としない法人であって、その事業を運営するための組織が適正であるもの

条件：次のすべての要件を満たすもの

①剰余金の分配を行わない旨の定めが定款にあること

②解散時の残余財産を国・地方公共団体・公益法人に帰属させる旨の定めが定款にあること

③剰余金の分配など定款の定めに反する行為を行ったことがないこと

④理事及びその理事の親族等である理事の合計数が理事の総数の３分の１以下であること

B. 共益的活動を目的とする法人

定義：その会員から受け入れる会費により会員に共通する利益を図るための事業を行う法人であってその事業を運営するための組織が適正であるもの

条件：次のすべての要件を満たすもの

①会員相互の支援、交流、連絡その他の会員に共通する利益を図る活動を行うことをその主たる目的としていること

②会員が会費として負担すべき金銭の額の定め又は当該金銭の額を社員総会（評議員会）の決議により定める旨の定めが定款にあること

③特定の個人又は団体に剰余金の分配を受ける権利を与える旨及び残余財産を特定の個人又は団体（国・地方公共団体等を除く。）に帰属させる旨の定めが定款にないこと

④理事及びその理事の親族等である理事の合計数が理事の総数の３分の１以下であること

⑤主たる事業として収益事業を行っていないこと

⑥特定の個人又は団体に特別の利益を与えないこと

地域資源管理法人については、上記のうち、「非営利性が徹底された法人」の類型に該当するよう組織設計することができます。その場合、非営利型法人として非収益事業には課税されないことになります。

図 3-3. 一般社団法人の区分と税務上の取扱い

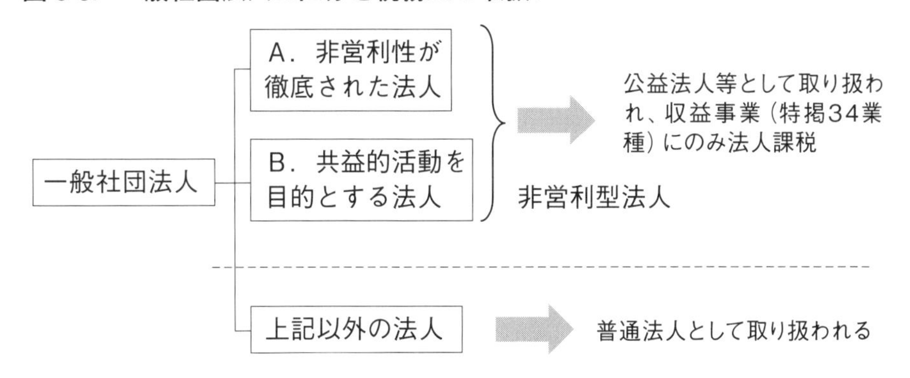

表 3-3. 収益事業の範囲

	業種	詳細	除外事業
1	物品販売業		(注１)
2	不動産販売業		特定法人（注２）の行う不動産販売業
3	金銭貸付業		
4	物品貸付業		特定法人が農業者団体等（農林業者・地方公共団体・農協等の団体）に対し農業者団体等の行う農林業の目的に供される土地の造成及び改良並びに耕うん整地その他の農作業のために行う物品貸付業
5	不動産貸付業		特定法人が行う不動産貸付業
6	製造業		
7	通信業		
8	運送業		
9	倉庫業		
10	請負業	事務処理の委託を受ける業を含む。	特定法人が農業者団体等に対し農業者団体等の行う農業又は林業の目的に供される土地の造成及び改良並びに耕うん整地その他の農作業のために行う請負業
11	印刷業		
12	出版業		
13	写真業		
14	席貸業		
15	旅館業		
16	料理店業その他の飲食店業		
17	周旋業		
18	代理業		
19	仲立業		
20	問屋業		
21	鉱業		
22	土石採取業		
23	浴場業		
24	理容業		
25	美容業		
26	興行業		
27	遊技所業		
28	遊覧所業		
29	医療保険業		
30	技芸教授業		
31	駐車場業		
32	信用保証業		
33	無体財産権の提供等を行う事業		
34	労働者派遣業		

注．

1) 物品販売業には、公益法人等が自己の栽培等により取得した農産物等をそのまま又は加工を加えた上で直接不特定又は多数の者に販売する行為が含まれるが、当該農産物等（出荷のために最小限必要とされる簡易な加工を加えたものを含む。）を特定の集荷業者等に売り渡すだけの行為は、これに該当しない（法人税基本通達　15－1－9）。

2) 特定法人とは、その社員総会における議決権の総数の2分の1以上の数が当該地方公共団体により保有されている公益社団法人又は法別表第二に掲げる一般社団法人で、その業務が地方公共団体の管理の下に運営されているものをいう（法人税法施行令第5条第2号）。

(2) 一般社団法人における消費税の取扱い

①一般社団法人における消費税の概要

一般社団法人は、交付金や会費などの特定収入について、特定収入に係る仕入税額控除の特例（消費税法第60条第4項）の適用を受けます。このため、一般課税の課税事業者となった場合は、複雑な納税額計算と農業経営を営む法人よりも重い税負担が生ずることになります。ただし、基準期間における課税売上高が1,000万円を超えても5,000万円以下であれば、簡易課税制度を選択でき、簡便な計算で申告できます。簡易課税制度を選択するには、あらかじめ「簡易課税制度選択届出書」を提出する必要があります。

一般社団法人が農業経営を行って農産物を販売したり農作業を受託したりした場合には、消費税の課税売上げとなるため、消費税の申告納税が必要になります。ただし、基準期間における課税売上高が1,000万円以下であれば消費税の免税事業者となります。

なお、地域集積協力金など国や地方公共団体からの交付金は、消費税不課税となります。

②特定収入がある場合の仕入控除税額の調整

消費税の納税額は、その課税期間中の課税売上げ等に係る消費税額からその課税期間中の課税仕入れ等に係る消費税額（仕入控除税額）を控除して計算します。しかしながら、公益法人等の仕入控除税額の計算においては、一般の事業者とは異なり、補助金、会費、寄附金等の対価性のない収入を「特定収入」として、これにより賄われる課税仕入れ等の消費税額を仕入控除税額から控除する調整が必要です。

具体的には、公益法人等が簡易課税制度を適用せず、一般課税により仕入控除税額を計算する場合で、特定収入割合（注）が5%を超えるときは、通常の計算方法によって算出した仕入控除税額から一定の方法によって計算した特定収入に係る課税仕入れ等の消費税額を控除した残額をその課税期間の仕入控除税額とする調整が必要です。

（注）特定収入割合は、その課税期間中の特定収入の合計額をその課税期間中の税抜課税売上高、免税売上高、非課税売上高、国外売上高及び特定収入の合計額の総合計額で除して計算します。

計算式

$$\text{特定収入割合} = \frac{\text{特定収入の合計額}}{\text{課税売上高（税抜き）＋免税売上高＋非課税売上高＋国外売上高＋特定収入の合計額}}$$

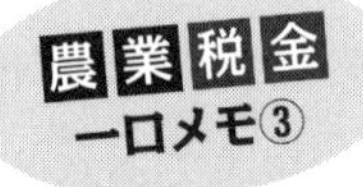

農産物直売所の運営とインボイス制度

農産物直売所では、複数の農家（委託者）の農産物をまとめて販売するため、委託者に代わって受託者（農産物直売所）がインボイスを交付します。媒介者交付特例を使えば農産物直売所のインボイスには農産物直売所の運営者の登録番号を記載すれば済みます。ところが、飲食店等の課税事業者が購入する際に仕入税額控除の対象商品を容易に選択できるよう、実務上、適格請求書発行事業者（登録事業者）の商品ラベルに委託者の登録番号を表示したうえで登録事業者とそれ以外の陳列棚を分ける必要があります。

取引形態を消化仕入に変更すれば、委託販売でなく買取販売となるため、免税事業者からの仕入れ分についても直売所の事業者がインボイスを発行できます。商品ラベルに委託者の登録番号を表示したり、陳列棚を分けたりする必要もなくなります。

◎代理交付と媒介者交付特例

登録事業者には、課税売上げについて課税事業者からの求めに応じて適格請求書（インボイス）の交付義務が課されています。委託販売の場合、委託者の課税売上げになりますので、本来、委託者が購入者にインボイスを交付しなければなりません。このような場合、受託者が委託者を代理して、委託者の氏名や登録番号を記載したインボイスを購入者に交付することも認められます。これを「代理交付」といいます。代理交付の場合、複数の登録事業者すべての登録番号をインボイスに記載しなければなりません。

これに対して、委託者の課税売上げについて、受託者の名称と登録番号を記載したインボイスを、受託者が委託者に代わって購入者に交付することができます。これを「媒介者交付特例」といいます。媒介者交付特例の適用を受けるには、①委託者と受託者の双方が登録事業者であること、②委託者が受託者に自己が登録事業者の登録を受けている旨を取引前までに通知していること、が条件になります。

代理交付と媒介者交付特例との違いは、インボイスに記載する登録番号の違いで、代理交付では委託者（農家）の登録番号を、媒介者交付特例では受託者（直売所）の登録番号を記載します。ただし、実務上は、媒介者交付特例であっても、登録事業者の委託者から通知された登録番号を農産物直売所の販売管理システムのデータベースに保存のうえ、登録番号の保存のない委託者についてインボイスを発行しないシステムにする必要があります。媒介者交付特例においては、免税事業者の商品について誤ってインボイスを発行してしまう可能性があり、その場合、直売所の事業者が罰則を受け、登録事業者の登録を取り消されるリスクがあります。

◎消化仕入とは

消化仕入とは、小売業者が陳列する商品の所有権を生産者等に残しておき、小売業者で売上げが計上されたと同時に仕入れが計上されるという取引形態をいいます。

消化仕入の場合、免税事業者からの仕入れ分についても直売所の事業者がインボイスを発行できます。一方、農産物直売所の事業者は、免税事業者からの課税仕入れについて仕入税額控除を受けることができませんので、仕入価格の設定に工夫が必要です。具体的には、仕入価格を消費税抜きの金額で設定したうえで、課税事業者からの仕入れについては消費税を上乗せして支払う一方、免税事業者からの仕入れについては消費税を上乗せしないで支払うことになります。ただし、免税事業者からの仕入税額控除の特例により、インボイス制度導入後３年間は仕入税額相当額の80%、その後の３年間は同50%の控除が可能です。このため、免税事業者からの仕入税額控除の特例の期間中は、消費税相当額の一定割合（80%・50%）を免税事業者の生産者にも上乗せして仕入金額を支払うことになります。

4　一般社団法人の持株会としての活用

1）持株会とは

持株会とは、持株制度により株式を取得・保有する組織で、持株制度とは、金銭を拠出して共同で会社の株式を取得する仕組みをいいます。組織形態は、民法上の組合（任意組合）とすることが多いのですが、一般社団法人を活用することもできます。

持株会としては、従業員による「従業員持株会」が一般的です。従業員持株会の場合、持株会の規約において、従業員の死亡・退職の際に会社が株式を買い取る旨及び買取価格を定めておくことができ、従業員以外の者が株式を取得することを防止できます。

また、持株会に株式を引き受けてもらうことで、会社は安定株主を形成できるというメリットがあるほか、資金調達の手法の一つとすることができます。土地利用型農業の場合、地域の農地所有者による「地権者持株会」を組織することで、無議決権株式による出資により会社に資金を供給することもできます。

持株会に株式を売却する場合、「配当還元方式」を採用できます。「配当還元方式」とは、特例的評価方法で一般的に原則的評価方法より評価が低くなります。このため、会社のオーナーが持株会に株式を売却することでオーナーの相続財産を減少させることができます。また、第三者割当増資によって従業員持株会が増資を引き受ける場合にも「配当還元方式」が適用される結果、既存株主も含めた一株当たりの純資産額が減少することでオーナーの保有する株式の評価額が減少し、相続税の負担が減少します。

2）土地利用型農業における一般社団法人の持株会機能

一般社団法人の1階の地域資源管理法人は、2階の株式会社の持株会として活用することができます。2階の株式会社形態の担い手法人が農地所有適格法人であっても一般社団法人が議決権の2分の1未満であれば普通株式によって議決権株式として出資することもできます。これにより、地域資源管理法人が農地所有者の代表として担い手法人に意見を代弁することもできます（地権者持株会機能）。この場合、一般社団法人には基金制度がありますので、これを活用して農地所有者が２階の株式会社の株式を現物で基金に拠出する方法が考えられます。

また、２階の株式会社の取締役が退任したときの株式の譲渡先として、あるいは、２階の株式会社の従業員が持ち株を買い増すときの購入先としても活用することができます（従業員持株会機能）。さらに、２階の株式会社形態の担い手法人が無議決権株式による出資により資金を調達することも可能です（資金調達機能）。

3）一般社団法人の基金制度

基金とは、一般社団法人に拠出された財産で、一般社団法人が拠出者に対して返還義務を負うものです。ただし、基金への利息の付与は禁止されており、拠出された基金は、原則として法人が解散するまで返還されません。このため、法人にとっては一種の劣後債務になり、法人税法上も資本金等の額には含まれず負債として扱われますが、会計上、基金は純資産の部に計上しなければならず、負債の部に計上することはできません。

4）基金への現物拠出の方法

一般社団法人が基金を募集するには、まず、募集事項を決定します。次に、拠出をしようとする者に対して、払込方法などに関する必要事項の通知を行い、申込者の中から基金の割り当てをします。金銭で拠出する場合は、募集事項で定められた払込期日までに金銭の払込をすることになります。一方、金銭以外の財産を拠出する場合は、募集事項で定められた給付期日までに財産を給付する（引き渡す）ことになります。

金銭以外の財産を拠出する場合、一般社団法人はその財産（＝現物拠出財産）の価額を調査する必要があります。具体的には裁判所に対して、検査役専任の申し立てを行います。ただし、現物拠出財産の総額が500万円を超えない場合、その必要はありません。

一方、現物拠出財産となる株式は、現物拠出によって個人株主から一般社団法人に譲渡することになります。このため、現物拠出財産となる株式を発行した株式会社は、現物拠出の給付期日に先立って取締役会等を開催して、個人株主から一般社団法人への株式譲渡の承認を行います。

基金募集要項

1. 基金を募集する一般社団法人の名称
一般社団法人○○○○（以下「当法人」という。）

2. 基金の目的
当法人の財産的基礎を成し、経営基盤を強化することを目的とします。

3. 募集に係る基金の総額
総額　　金×××万円（募集基金総数　×××口、1口　金×万円）

4. 現物拠出財産の内容及び価額
株式会社○○○○普通株式×××株、価額×××万円

5. 申込期間
令和×年×月×日　から　令和×年×月×日　までとします。

6. 申込方法
　別紙「基金引受申込書」に必要事項を記入の上、お申し込みください。ただし、基金拠出契約書の締結をもって基金引受けの申込みに代えることができます。

7. 給付期日
令和×年×月×日

8. 基金の拠出者の権利等に関する規定
当法人の基金に関する定款規定は次のとおりです。

（基金の拠出等）
第36条　当法人は、基金を引き受ける者の募集をすることができる。
2　拠出された基金は、当法人が解散するまで返還しない。
3　基金の返還の手続については、基金の返還を行う場所及び方法その他の必要な事項を清算人において別に定めるものとする。

基金拠出契約書

一般社団法人○○○○（以下「甲」という。）と○○○○（以下「乙」という。）とは、乙が行う基金の拠出に関して、以下のとおり契約を締結する。

第１条（基金の引受け）
乙は、甲が募集する基金（詳細は、別紙「基金募集事項」に記載のとおり。）について、次条以下の条項に従って引受けることを受諾する。
第２条（引受口数および拠出財産）
乙が引受ける基金の引受口数およびその拠出額は、次のとおりとする。
引受口数　　××口
拠出財産　　株式会社○○○○株式××株（１口につき１株）
価額×××万円
第３条（拠出財産の給付）
乙は、令和×年×月×日に、前条の拠出財産を甲に給付する。
第４条（拠出者の権利等）
基金の拠出者たる乙の権利および基金の返還手続きに関しては、甲の定款に定めるところに従うものとする。
第５条（基金利息の禁止）
甲は、基金の返還に係る債権には、利息を付することができない。
第６条（協議条項）
この契約に定めのない事項および解釈につき疑義を生じた事項については、甲乙誠意をもって協議し、円満に解決するものとする。

この契約の成立を証するため、本書２通を作成し、甲および乙は各自記名捺印の上各その１通を保有するものとする。

令和×年×月×日
(甲)
○○県○○市○○××番地
一般社団法人○○○○
代表理事　○○　○○　　　(印)
(乙)
○○県○○市○○××番地
○○　○○　　　　　　(印)

5 家族経営法人の経営継承

1）アグリビジネス投資育成（株）の活用

(1) アグリビジネス投資育成（株）とは

アグリビジネス投資育成（株）とは、農業法人の発展をサポートするため、農業法人に出資という形で資金を提供する公的な金融機関です。同社は、農林中央金庫などJAグループと（株）日本政策金融公庫との出資で設立され、農林水産省が監督しています。同社の出資は、財務安定化・対外信用力の強化だけでなく、円滑な経営継承にも活用されており、個人事業を継承する場合に比べて相続税の負担が軽くなることがあります。

アグリビジネス投資育成（株）は、「農林漁業法人等に対する投資の円滑化に関する特別措置法」（平成14年法律第52号）に基づく農林水産大臣による事業計画の承認を受けており、農地所有適格法人に出資を行うことができる投資主体として認められています。投資主体には、アグリビジネス投資育成（株）のほか、投資事業有限責任組合もありますが、農地所有適格法人に対して農業関係者として出資できるのは、アグリビジネス投資育成（株）に限られています。また、株式を処分する場合に特例的評価方式の適用が認められているのもアグリビジネス投資育成（株）のみで、投資事業有限責任組合には認められていません。

2021（令和3）年に法律の題名が「農林漁業法人等に対する投資の円滑化に関する特別措置法」に改められ（施行日令和3年8月2日）、農林漁業の生産現場から、輸出に関するものも含め、製造、加工、流通、小売、外食等のフードバリューチェーン全体への資金供給を促進するための措置を講じ、もって農林漁業及び食品産業の更なる成長発展を図ることがその目的に加えられました。

(2) アグリビジネス投資育成（株）を活用した経営継承の方法

アグリビジネス投資育成（株）では第三者割当によって増資した株式等を取得し、投資からおおむね10年を目途として後継者等が株式の買戻しをすることになります。中小企業投資育成株式会社が第三者割当に基づき引き受ける新株の価額および保有する株式を処分する場合の価額については、配当還元方式に準じた特例的評価方式が認められています（「中小企業投資育成株式会社が第三者割当てに基づき引き受ける新株の価額および保有する株式を処分する場合の価額にかかる課税上の取扱いについて」昭和48年11月20日、国税庁長官）。アグリビジネス投資育成（株）についても同様の取扱いとされています（「アグリビジネス投資育成株式会社が取得する持分又は株式の取得価額及び保有する持分又は株式の処分価額について」平成15年2月28日、農林水産省経営局金融調整課長）。このため、一般に、内部留保の大きい法人の場合、その払込金額は1株当たりの純資産価額を下回ることになります。

アグリビジネス投資育成株式会社が取得する持分又は株式の取得価額及び保有する持分又は株式の処分価額について（平成15年2月28日、農林水産省経営局金融調整課長）

> アグリビジネス投資育成株式会社が、「農業法人に対する投資の円滑化に関する特別措置法」（平成14年法律第52号）等に基づき、農業法人等の持分又は株式を取得する場合の取得価額及び保有する持分又は株式を処分する場合の処分価額については、「中小企業投資育成株式会社法」（昭和38年法律第101号）に基づき設立された中小企業投資育成株式会社が採用している評価基準と同様の取扱いとすることとしたので、御了知の上、適正な運営が図られるようお願いする。
> なお、本取扱いについては、国税庁課税部審理室の了解を得ているので、念のため申し添える。
> (以下略)

個人の同族株主が法人から時価（原則的評価方式による評価額）を下回る価額で株式を譲り受けた場合には、時価と取引価額との差額相当額について経済的利益として享受したものと認められ、一時所得として課税されます。これは、法人から受けた経済的利益が、営利を目的とする継続的な行為から生じた所得以外の一時の所得であって労務その他の役務又は資産の譲渡の対価としての性質を有しないものに該当すると考えられるからです。ただし、個人の同族株主がアグリビジネス投資育成（株）から譲り受けた場合には、原則的評価方式による評価額を下回る価額であっても、中小企業投資育成株式会社の評価基準に基づいて個人が譲り受けた場合には、この評価基準が税務上適正なものとして取り扱われていることから、一時所得課税は生じません。

その結果、後継者が先代経営者から株式の譲渡を受けたり、後継者が直接に第三者割当によって増資を引き受けたりする場合の評価額（純資産価額方式と類似業種比準価額方式の併用）に比べて、低い価格でアグリビジネス投資育成（株）から株式を取得することが可能になります。

また、アグリビジネス投資育成（株）が純資産価額よりも低い価格で増資を引き受けた場合、増資後は、既存株主の１株当たり純資産価額が増資前に比べて下がります。その結果、相続税や贈与税が軽減されることになり、経営継承の円滑化に資することになります。

(3) アグリビジネス投資育成（株）の親族外への事業承継への活用

平成27年農地法改正によって、農業関係者でなくても議決権の２分の１未満までなら農地所有適格法人の株式・出資を保有できるようになりました。このため、オーナーが事業から完全に引退して事業に従事しなくなっても、株式等の全部を譲渡する必要がなくなり、親族外の第三者への事業承継を行いやすくなりました。また、オーナーの保有する株式等について、議決権の２分の１未満までであれば事業を承継しない親族に継承しても農地所有適格法人の要件上、問題が生じないことになります。

この場合、株式等の譲渡後の農地所有適格法人のオーナーの議決権比率を２分の１未満とすれば良く、議決権株式の２分の１超を譲渡する方法のほか、株式等の一部を譲渡し、オーナーの保有する株式の一部を配当優先の無議決権株式とする方法があります。

オーナーの保有する株式を無議決権株式に変更するにあたって、別途、アグリビジネス投資育成（株）による増資（無議決権株式）を引き受けてもらう方法も有効です。この場合、第三者であるアグリビジネス投資育成(株)と親族外の後継者との間で投資契約が締結されて配当についてのルールが明確化され、親族外の後継者が経営する農業法人に一定の利益が生ずれば、オーナーの保有する無議決権株式についても配当を受けることが可能になります。

2）種類株式の活用

農地所有適格法人の親族外承継では、種類株式の活用が有効です。農地所有適格法人のオーナーがリタイアして親族外の後継者に実権を渡した後、農地所有適格法人の要件を維持しながら、オーナーが適正な配当を確保する方法が課題となりますが、今後、取得条項付株式や役員選任付株式を活用することが考えられます。

(1) 取得条項付株式

取得条項付株式については、親族外承継において代表者を交代する際の株式譲渡のルールを徹底するための担保として活用できます。第三者継承では、親族以外の後継者がリタイアして、さらに次の後継者に取締役を交代するときは、次の後継者に株式を譲渡することを基本ルールとすることになりますが、後継者となった親族外の取締役が保有する株式を取得条項付株式とすることで、後継者が自主的に次の後継者に株式を譲渡しない場合は、取締役を退任して常時従事者でなくなるときに会社が強制的に株式を取得できます。親族外の後継者が保有する株式を普通株式とした場合、退任した取締役が常時従事者でなくなって「農業関係者」でなくなっても株式を保有し続けることができ、その場合、議決権要件を満たさずに農地所有適格法人の要件を欠くおそれがあります。また、取得条項付株式には、株式の分散を防ぐ効果もあります。

(2) 役員選任付株式

親族外承継において配当優先無議決権株式を保有するオーナーが配当を確保するため、アグリビジネス投資育成（株）による投資契約を活用する方法がありますが、そのほかにも、役員選任付株式を活用する方法があります。親族以外の後継者に保有させる株式を普通株式ではなく、役員選任権付種類株式とすることで、後継者の議決権を限定する方法です。

議決権の過半を親族外の後継者が保有してしまうと、法人に十分な利益が生じているにもかかわらず、後継者の意向でまったく配当をしないということになりかねません。このような場合、取締役の保有する株式を普通株式ではなく役員選任権付株式（注）とすることで、業務執行は取締役である親族外の後継者に任せる一方、配当や役員報酬等の額の決定を行う株主総会の決議において普通株式による議決権を保有するオーナーの意向を反映することができます。

注.「農地法関係事務に係る処理基準」では、「法第2条第3項第2号に掲げる議決権に係る要件は、農業関係者以外の者が議決権の行使により会社の支配権を有することとならないよう設けているものであり、定款で議決権を認めないと定めた種類株式を制限するものではない。」としている。このため、農地所有適格法人の議決権要件との関係では、無議決権株式を除き、役員選任権付株式などその他の種類株式については1個の議決権を有するものとして解釈される。

反対に、オーナーが保有する株式を役員選任権付株式とすることで、オーナーに実質的な後継者（＝取締役）の指名権を持たせる方法もあります。

3）事業承継税制と農業法人における活用

(1) 新・法人版事業承継税制のポイント

平成30年度税制改正により、法人版事業承継税制（非上場株式等に係る贈与税・相続税の納税猶予制度）が拡充され、2018年から10年間、適用要件を大幅に緩和した特例制度（特例措置）が創設されました。このほか、従来からの制度（一般措置）も含めて5年の特例承継期間における先代経営者以外の者（改正前：先代経営者のみ）から取得する株式への対象拡大が措置されました。

図3-4. 事業承継税制のあらまし

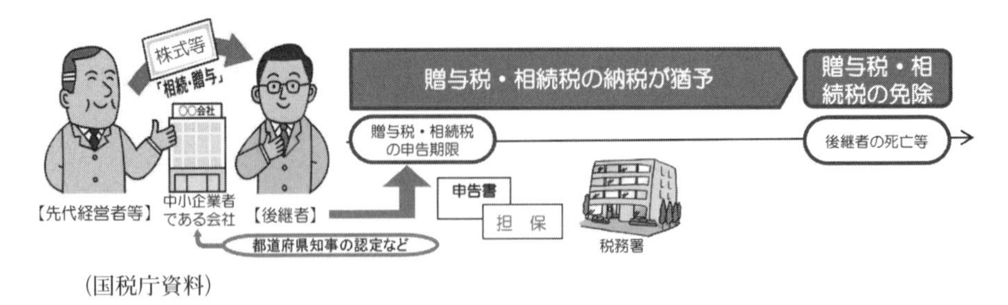

（国税庁資料）

特例措置については、①猶予対象の株式の制限（一般措置：総株式数の3分の2）の撤廃、②納税猶予割合（一般措置：80％）の100％への引上げ、③雇用確保要件の事実上の撤廃、④対象となる後継者（一般措置:1人）が最大3人への拡大、となっています。なお、特例措置の適用を受けるには、認定経営革新等支援機関の指導及び助言を受けて特例承継計画を作成する必要があります。

特例措置は10年間の時限措置であるため、この期間に農業分野でも事業承継税制の有効活用を積極的に進めていく必要があります。ただし、猶予対象の株式の制限撤廃や納税猶予割合の引上げで納税猶予が打ち切られた時の税負担も大きくなります。納税猶予の打切りに伴うリスクの軽減のため、アグリビジネス投資育成（株）の活用による株価の評価減対策や相続時精算課税制度との併用を検討する必要があるでしょう。一方、税務署への3年ごと（経営承継期間内は毎年）の継続届出書の提出義務は、今回の改正で変更がないため、継続届出書の提出を失念しないよう、チェック体制の構築が求められます。

表 3-4.　特別措置と一般措置の比較

	特例措置	一般措置
事前の計画策定等	5年以内の特例承継計画の提出 （平成30年4月1日から 令和5年3月31日まで）	不要
適用期限	10年以内の贈与・相続等 （平成30年1月1日から 令和9年12月31日まで）	なし
対象株数	全株式	総株式数の最大3分の2まで
納税猶予割合	100%	贈与：100%　相続：80%
承継パターン	複数の株主から最大３人の後継者	複数の株主から１人の後継者
雇用確保要件	弾力化	承継後５年間 平均８割の雇用維持が必要
事業の継続が困難な事由が生じた場合の免除	あり	なし
相続時精算課税の適用	60歳以上の者から20歳以上の者への贈与	60歳以上の者から20歳以上の推定相続人（直系卑属）・孫への贈与

（国税庁資料より）

(2) 農地所有適格法人が事業承継税制を活用する際の留意点

今後、農業法人の事業承継では、相続税・贈与税の負担軽減のため、事業承継税制の特例措置の活用も含めて会社の持分の承継手順を決めていく必要があります。一方で、耕種農業や肉用牛・酪農経営では、会社が農地所有適格法人の要件を欠いた場合、農地の所有権・利用権の取得も影響がでるだけでなく、農業経営基盤強化準備金制度や肉用牛免税の適用が受けられなくなります。したがって、事業承継の過程で農地所有適格法人の要件を欠くことが無いよう、配慮しなければなりません。とくに肉用牛・酪農経営では、かりに農地所有適格法人に該当しなくなれば、肉用牛免税（肉用牛売却所得の特別控除）の適用が受けられずに法人税等の負担が大きく増えることになります。

農地所有適格法人の役員要件を満たすうえで、後継者候補として、新たに就任した取締役が持分を１株以上保有してもらう必要があります。この際、事業承継税制による贈与について準備が整わない場合、先行して暦年贈与によって後継者に１株など最低単位だけを贈与する方法が考えられます。

(3) アグリ社など株価引下げ対策との併用による効果

事業承継税制の特例措置を活用するには、2027年までの10年間にまず、贈与税の納税猶予の特例の適用を受ける必要があります。この際、非上場株式等の評価額について贈与の時の価額が相続の時まで「固定化」されて相続税が計算されるので、アグリビジネス投資育成（株）の活用などにより、贈与の時に株式等の評価減対策を併用すると効果的です。相続税の納税猶予の特例を受けたとしても、非上場株式等以外の財産には、累進税率が適用されて相続税が課税されるため、非上場株式等を含めた全体の評価額を下げることで相続税の負担を軽減することができます。

第４章
農業経営基盤強化準備金

1）農業経営基盤強化準備金とは

(1) 制度の概要

農業経営基盤強化準備金制度は、青色申告をする認定農業者等の個人または農地所有適格法人が、農業経営基盤強化準備金（準備金）として積み立てた金額を損金算入（個人の場合は「必要経費算入」、以下同じ）するものです。積立限度額は、交付を受けた経営所得安定対策交付金等を基礎として計算されます。

準備金の積立ては、農業経営改善計画や青年等就農計画（農業経営改善計画等）の「生産方式の合理化に関する目標」（青年等就農計画では「生産方式に関する目標」）に掲げられている機械・施設の取得のためなど、農業経営改善計画等に従って行います。準備金を積み立てた結果、取り崩すまでの間、積立額相当額の対象交付金への課税が繰り延べられます。課税の繰延べであって法人税や所得税の非課税や免税になる制度ではありません。

また、農用地又は特定農業機械等（農業用固定資産）で農業経営改善計画等に記載されたものを取得等して農業の用に供した場合、準備金を取り崩すか、直接、その事業年度（年）に受領した対象交付金をもって、その農業用固定資産について圧縮記帳できます。圧縮記帳によって準備金の取崩しや対象交付金への課税が繰り延べられます（ただし、農用地以外は、圧縮記帳で減価償却費が減少した分の所得が生じて、法定耐用年数の期間において順次、課税される）。

農業経営改善計画等に記載の農業用固定資産を取得しなかったため、圧縮記帳による取崩しができずに残ってしまった準備金の金額については、積立てをした事業年度（個人の場合は「年」、以下同じ）から数えて7年目の事業年度に取り崩して益金算入（個人の場合は「総収入金額算入」、以下同じ）することになります。

農業経営基盤強化準備金制度は、平成19年度税制改正によって創設された制度です。これまで8回、適用期限が延長され、平成29年度税制改正と令和2年度税制改正では1年延長、平成21年度税制改正、平成23

年度税制改正、平成25年度税制改正、平成27年度税制改正、平成30年度税制改正、令和3年度税制改正では2年延長されました。その結果、2023年3月31日までに交付を受けた交付金等が農業経営基盤強化準備金制度の対象となります。

図 4-1. 3年間積み立てて、4年目に農地等を取得した場合の例

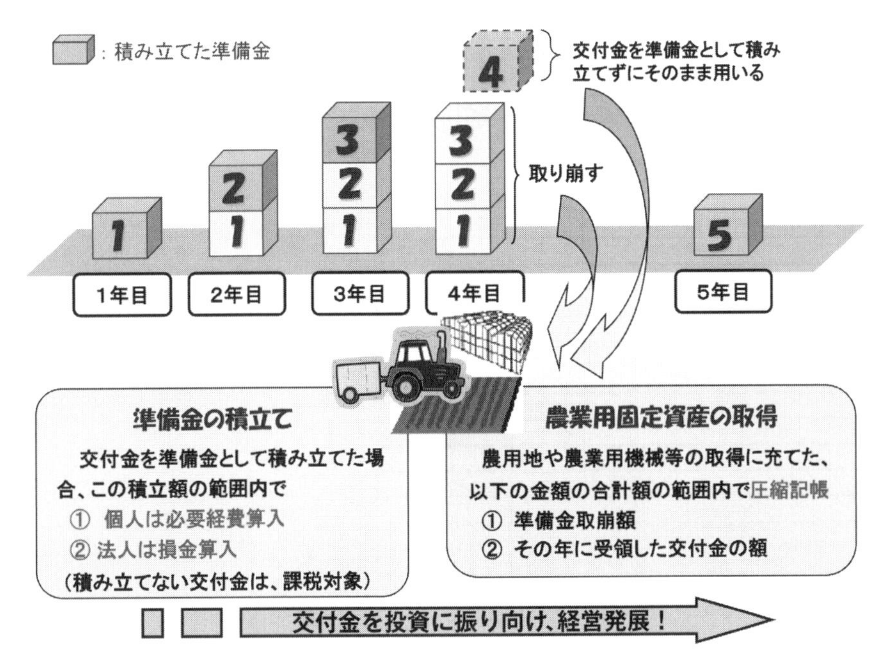

注：積み立てた翌年（度）から5年を経過した準備金は、順次、総収入金額（益金）に算入され、課税対象となります。ただし、算入された年（度）内に対象固定資産を取得すれば、必要経費（損金）に算入できます。（H25年に積み立てた準備金は、H31年に5年を経過し、H31年の所得の計算上、総収入金額に算入されます。このため、当該準備金を必要経費に算入するには、H31年末までに、農業経営改善計画に基づき、農用地や農業用機械等を取得する必要があります。）

（農林水産省資料より）

図 4-2. 対象となる交付金

対象交付金（令和3年度予算）

以下の交付金の交付を受けた場合に準備金を積み立てることができます。

○経営所得安定対策の交付金
・畑作物の直接支払交付金
・米・畑作物の収入減少影響緩和対策交付金

○水田活用直接支払交付金

令和2年度補正事業の水田リノベーション事業は積立の対象となりません！

（農林水産省資料より）

表 4-1. 農業経営改善計画の記入例（抜粋）

畜舎、蚕室、温室、その他これらに類する農畜産物の生産の用に供する施設を記載して下さい。

（3）農用地及び農業生産施設

ア農用地

区　分	所在地		地目	現　状 (a)	目標（ R** 年）(a)
	都道府県名	市町村名			
所有地	宮城県	仙台市	田	500	500
	宮城県	仙台市	畑	15	15
借入地	宮城県	仙台市	田	700	1150
	宮城県	仙台市	畑		10
その他					
経 営 面 積 合 計				1,215	1,675

イ農業生産施設

種　別	所在地		規　模			
			現　状		目標（ R** 年）	
	都道府県名	市町村名	棟	㎡	棟	㎡
パイプハウス	宮城県	仙台市	1	500	1	500
経 営 面 積 合 計				500		500

集団転作の対象となっている面積も含めて記載して下さい。

（別紙）生産方式の合理化に係る農業用機械等の取得計画

農業用機械等の名称	数量
トラクター	1
側条施肥機	1
直播アタッチメント	1
トラック（4トン車）	1

生産方式の合理化のために、取得する予定の農業用機械及び装置、器具及び備品、建物及びその附帯設備、構築物並びにソフトウェア等を記載して下さい。（複数記載可）

「②（3）農用地及び農業生産施設」に記載しているものは記載不要です。

（仙台市 HP より）

図 4-3. 対象となる資産

対象資産

以下の資産の取得の際に準備金を活用することができます。

○**農用地**

農地、採草放牧地

[基盤法第４条第１項第１号]

○**農業用の建物・機械 等**

・農業用の建物（建物附属設備）※農振法の農業用施設用地に限ります。

・農業用の構築物

・農業用設備（器具備品、機械装置、ソフトウエア）

（例）大型の温室、農機具庫、農産物貯蔵庫、果樹棚、ビニールハウス、用排水路、暗きょ、トラクター、乾燥機、精米機、飼料細断機、農業用低温貯蔵庫、フィールドサーバー、農作業管理ソフト　など

パワーショベル、ブルドーザーなどの自走式作業用機械も対象となります！

注）トラックやフォークリフトなどの車両や中古品は対象となりません！

（農林水産省資料より）

(2) 対象者

農業経営基盤強化準備金制度の対象となるのは、青色申告者で次に該当する認定農業者等です。また、それぞれが作成する農業経営改善計画等に、この特例を活用して取得しようとする農業用固定資産が記載されていることが要件となります。(新たな農業用固定資産を取得しようとする場合には、計画への記載・承認が必要となります。)

①認定農業者又は認定新規就農者である個人―農業経営改善計画又は青年等就農計画

②認定農業者である農地所有適格法人（認定農地所有適格法人）―農業経営改善計画

平成27年度税制改正により、認定新規就農者である個人が対象者に追加され、農業生産法人（現・農地所有適格法人）以外の特定農業法人が対象者から除外され、平成30年度税制改正により、特定農業法人である農地所有適格法人のうち認定農業者でないものが対象者から除外されました。ただし、特定農業法人であっても認定農業者である農地所有適格法人は対象者となります。令和３年度税制改正により、2022（令和４）年４月以後開始事業年度（個人は令和５年分）から、農業経営基盤強化準備金の積立てについて、人・農地プランにおいて地域の中心となる経営体として位置づけられたものに限定されます。人・農地プランとは、農業者が話合いに基づき、地域農業における中心経営体、地域における農業の将来の在り方などを明確化し、市町村により公表するもので、農地中間管理事業の推進に関する法律の規定に基づくものです。今後、農業経営基盤強化準備金を積み立てるには、認定農業者だけでなく、人・農地プランの中心経営体に位置付けられる必要があります。

(3) 対象交付金

対象交付金は、水田活用の直接支払交付金や畑作物の直接支払交付金など経営所得安定対策の交付金です。

平成27年度税制改正により、環境保全型農業直接支援対策交付金が対象となる交付金等から除外されました。また、平成30年度税制改正により、対象となる交付金等から米の直接支払交付金が除外されました。

表 4-2. 農業経営基盤強化準備金の対象交付金等

区分	勘定科目	名称	対象条件等	入金時期	備考
営業収益	価格補填収入	畑作物の直接支払交付金［ゲタ対策］	対象作物（注1）を生産した認定農業者・集落営農・認定新規就農者	8～9月、11～翌3月	面積払と数量払
営業外収益	作付助成収入	水田活用の直接支払交付金	水田転作作物の生産	8月～翌3月	
特別利益	経営安定補填収入	収入減少影響緩和交付金（収入減少補填）［ナラシ対策］	積立金を拠出して対象作物（注2）を生産した認定農業者・集落営農・認定新規就農者	翌5～6月	標準的収入を下回った減収額の9割を補填

注.
1) 麦、大豆、てん菜、でん粉原料用ばれいしょ、そば、なたね
2) 米、麦、大豆、てん菜、でん粉原料用ばれいしょ

2）農業経営基盤強化準備金の積立て

(1) 積立限度額

準備金の積立限度額は、次のいずれか少ない金額となります。

①「農業経営基盤強化準備金に関する証明書」（別記様式第2号）の金額

②その事業年度（年）の所得（事業所得）の金額

上記②の所得の金額は、準備金を積み立てた場合の損金算入（必要経費）、農用地等を取得した場合の課税の特例の規定を適用せず、また、法人の場合は支出した寄附金の全額を損金算入して計算した場合のその事業年度（年）の所得（事業所得）の金額となります。また、2021（令和3）年4月以後開始事業年度（個人は令和4年分）から、積立て後5年を経過した期限切れの農業経営基盤強化準備金の取崩しによる益金算入額は、積立限度額の計算において②の所得の金額を構成しないものとして計算します。

このため、準備金を積み立てた結果、積立後のその事業年度（年）における所得（事業所得）の金額、すなわち課税所得が0円になることはありますが、それが限度で、積立後の課税所得がマイナスになるまで積み立てることはできません。

ただし、個人農業者の場合、準備金を積み立てた後の事業所得の金額からは青色申告特別控除額や各種所得控除額が控除されますので、青色申告特別控除額（65万円、55万円または10万円）相当額や各種所得控除相当額を残して準備金を積み立てた方が、後年の取崩しによる収入金額算入

を考慮すると得策になります。また、圧縮記帳をする場合には、さらに圧縮記帳相当額を残して準備金を積み立てた方が得策になります。

図 4-4. 農業経営基盤強化準備金の積立限度額（税制改正後）

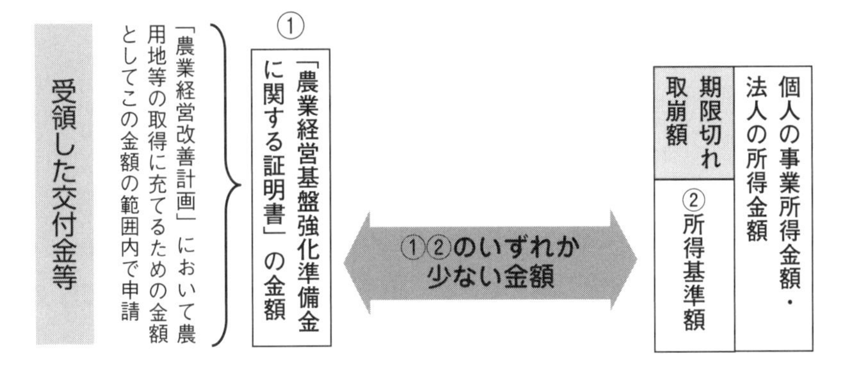

(2) 会計の方法

a) 対象交付金の受領

準備金の対象となる交付金等を受領したときは、価格補填収入、作付助成収入、経営安定補填収入の収益の各勘定により経理します。

なお、対象交付金について、営業収益ではなく、営業外収益（作付助成収入）や特別利益（経営安定補填収入）に表示するのは、農業に係る収益ではあるものの、その会計期間の農産物の販売に伴って発生するものではないからです。営業収益に表示する売上高は、商品等の販売又は役務の給付によって実現したものに限ります（企業会計原則　第二損益計算書原則　三 B）ので、価格補填収入は営業収益に表示します。一方、作付助成収入については毎期経常的に発生するものであることから、営業外収益、経営安定補填収入については臨時損益の性格を持つものであることから、特別利益に表示します。

交付金については、実際に入金のあった日ではなく、交付決定通知書の日付の属する事業年度の収益に計上します。期末までに入金がない場合であっても、交付決定通知書の日付が事業年度内の日付になっている場合には、期末の決算整理において未収入金に計上します。また、交付金相当額を JA が立替払いすることがありますが、立替払いを受領した時に収入金額に計上している場合において、交付決定通知書の日付が翌事業年度の日付になるときは、立替払いについて前受金に修正または振り替えます。

b）農業経営基盤強化準備金の積立て

準備金の積立限度額が400万円の場合の準備金の積立ての仕訳は次のとおりです。

①引当金経理方式（損金経理）

期末日：

借方科目	税	金額	貸方科目	税	金額
農業経営基盤強化準備金繰入額	不	4,000,000	農業経営基盤強化準備金	不	4,000,000

個人農業者の場合、準備金の積立ては、引当金経理方式によります。

「農業経営基盤強化準備金繰入額」（特別損失）を相手勘定として「農業経営基盤強化準備金」を貸借対照表の負債（引当金）の部に計上することになります。なお、「農業経営基盤強化準備金繰入額」は、消費税不課税となります。

②積立金経理方式（剰余金処分経理）

期末日または決算確定日（総会日）：

借方科目	税	金額	貸方科目	税	金額
繰越利益剰余金	不	4,000,000	農業経営基盤強化準備金	不	4,000,000

この場合の「農業経営基盤強化準備金」は純資産勘定（任意積立金）になります。

3） 農業経営基盤強化準備金の取崩し

(1) 取崩事由

準備金を積み立てている法人（個人）が次の取崩事由に該当する場合には、次の金額を益金（総収入金額）に算入します。

①積立てをした事業年度（年）の翌期首から5年を経過した場合—5年を経過した金額

②認定農業者等に該当しないこととなった場合—全額

③農地所有適格法人に該当しないこととなった場合［法人］—全額

④事業の全部を譲渡・廃止した場合［個人］・被合併法人となる合併（適格合併を除く。）が行われ又は解散した場合［法人］—全額

⑤農業経営改善計画等に記載された農業用固定資産を取得等した場合—取得価額相当額

⑥農業経営改善計画等に記載のない農用地・農業用の機械装置・建物等・構築物を取得等した場合―取得価額相当額

⑦任意に準備金の金額を取り崩した場合―取り崩した金額

平成30年度税制改正により、準備金の取崩事由に上記の⑤・⑥が追加されました。

(2) 取崩事由の追加に関する留意点

農業経営改善計画等に記載された農業用固定資産（中古、所有権移転外リースによるものを除く。）を取得した場合、取得価額相当額の準備金が益金（総収入金額）に算入されるため、準備金を取り崩して圧縮記帳しないと課税されることになります。また、農業経営改善計画等に記載のない農用地、農業用の機械装置・建物・建物附属設備・構築物を取得した場合は、圧縮記帳できないため、取得価額相当額の準備金が益金算入（総収入金額算入）されて課税されます。このため、取得する予定の農業用固定資産について農業経営改善計画等に記載がない場合は、農業経営改善計画等の変更申請をして記載のうえ、圧縮記帳する必要があります。なお、農業用固定資産を取得しても準備金を取り崩したくない場合、所有権移転外リースによって取得する方法もあります。

表4-3. 農業用固定資産の取得による農業経営基盤強化準備金の取崩しと圧縮記帳

	農業経営改善計画記載（右記除く）	農業経営改善計画記載なし（同）	農業用以外のもの	中古	所有権移転外リース等（注1）
農用地	○	●	−	−	−
建物・建物附属設備	○	●	×（注2）	×	−
構築物	○	●	×	×	−
機械装置	○	●	×	×	−
器具備品・ソフトウェア	○	×	×	×	×

○取得価額相当額の準備金を益金算入するが、圧縮記帳できるもの

●取得価額相当額の準備金を益金算入し、圧縮記帳できないもの

×準備金の益金算入不要：−該当なし

注1．贈与、交換、現物出資、現物分配によるものを含む。

注2．農業用の建物・建物附属設備であっても農業振興地域の農用地区域内の農業用施設用地として用途指定されていない土地に建設されたものを含む。

ただし、事前に農業経営改善計画に記載をして承認を受けたうえ、農業用固定資産を取得した際に準備金を取り崩しても、「農用地等を取得した場合の証明書」が発行されなければ圧縮記帳できないことに留意してください。この証明書の交付申請は、農林水産省の出先機関である地方農政局等に対して行います。この際、取得原資に借入金を充てたことが明らかな場合、証明書が交付されないことがあります。とくに、経営体育成支援事業など機械等の導入に対する融資残補助を行う「融資主体補助型」の補助事業による取得資産では、原則として証明書が発行されません。

しかしながら、「農用地等を取得した場合の証明書」が発行されない場合でも、準備金の取崩しの会計処理は行う必要があります。かりに準備金の取崩しの会計処理をしなかった場合でも税務上は取り崩したものとして益金算入（総収入金額算入）されるからです。このため、取崩事由に該当するにもかかわらず準備金の取崩しの会計処理をしなかったことが税務調査などで判明した場合、修正申告が必要となって法人税等が追徴されます。

したがって、取崩事由に該当する場合は、圧縮記帳できなくてもいったん準備金を取り崩す会計処理をしたうえで、積立限度額の範囲内で再度、積み立ててください。なお、同一の事業年度で準備金の取崩しと積立ての両方を行う場合であっても、対象交付金を受領していれば、原則として「農業経営基盤強化準備金に関する証明書」は交付されます。

農業経営基盤強化準備金〜農業者向け Q&A 〜

（農林水産省 HP・2018 年 11 月 21 日改定）

Q14　農業経営基盤強化準備金の積立てと取崩しを同時に行うことは可能ですか。

A　農業経営基盤強化準備金の取崩しと積立ては別々であるため、同時に行うことが可能です。

(3) 任意取崩しによる準備金の更新

準備金の期首残高が多額の場合、交付金等の額の合計額の全額について「農業経営基盤強化準備金に関する証明書」の交付を受けて、交付金等のほぼ全額を準備金として積み立てたうえで、所得金額がマイナスにならないように準備金を取り崩して調整することをお勧めします。準備金の積立年度を更新することによって、期限切れによる課税リスクを下げることができます。

令和３年分所得税確定申告では、積立年から７年目となった期限切れの準備金があっても令和３年分でいったん準備金を取り崩す会計処理をしたうえで、再度、積み立てることで実質的に課税されません。個人事業者を例にとると、令和３年分所得税確定申告では、平成 27 年分で積み立てた農業経営基盤強化準備金が５年を経過したことで期限切れとなり、総収入金額に算入されます。

令和３年分所得税確定申告では、平成 27 年分で積み立てた準備金だけでなく、平成 28 年分で積み立てた準備金についても、いったん準備金を取り崩す会計処理をしたうえで、再度、積み立てることをお勧めします。平成 28 年分で積み立てた農業経営基盤強化準備金を翌年に繰り越した場合、令和４年分所得税確定申告で、平成 28 年分で積み立てた農業経営基盤強化準備金を取り崩して総収入金額に算入しますが、再度、準備金を積み立てようとしても、その取崩額は、積立限度額の計算において所得基準額の計算から除外されるため、準備金として積み立てることができなくなります。

一方、農業法人においては、令和３年４月以後に開始する事業年度から改正内容が適用されますので、３月決算法人を除き、令和３年度の決算・申告において、平成 28 年度で積み立てた農業経営基盤強化準備金の残高を取り崩して、再度、積み立てる必要があります。

(4) 農業経営基盤強化準備金の取崩しの会計

準備金の取崩しについての経理方式は、積み立てたときと同じ経理方式となります。

a) 準備金の積立てについて引当金経理方式（損金経理）によった場合

期末日：

借方科目	税	金額	貸方科目	税	金額
農業経営基盤強化準備金	不	4,000,000	農業経営基盤強化準備金戻入額	不	4,000,000

b）準備金の積立てについて積立金経理方式（剰余金処分経理）によった場合

期末日または決算確定日（総会日）：

借方科目	税	金額	貸方科目	税	金額
農業経営基盤強化準備金	不	4,000,000	繰越利益剰余金	不	4,000,000

4） 農業経営基盤強化準備金制度の圧縮記帳

(1) 圧縮記帳の対象資産

準備金の取崩額及びその事業年度で受領した交付金（準備金として積み立てなかった金額）をもって、農業用固定資産について圧縮記帳することができます。対象となる農業用固定資産は、農用地と特定農業用機械などです。ただし、贈与、交換、出資、現物分配、所有権移転外リース取引、代物弁済、合併、分割により取得したものは対象となる農業用固定資産から除かれます。なお、圧縮記帳については、国庫補助金の圧縮記帳制度と農業経営基盤強化準備金制度を併用して、同一事業年度において、2つ以上の資産のみならず、1つの資産であっても圧縮記帳することができます。

a）農用地

農用地とは、農業経営基盤強化促進法に規定する農用地で、農地のほか、採草放牧地が含まれます。また、農用地に係る賃借権も圧縮記帳の対象資産となります。

b）特定農業用機械等

特定農業用機械等とは、農業用の機械装置、器具備品、建物、建物附属設備、構築物、ソフトウエアです。

ただし、建物及び建物附属設備については、農業振興地域制度による農用地利用計画において農用地区域（いわゆる「農振青地」）の区域内にある「農業用施設用地」として用途が指定された土地に建設される農業の用に直接供される農業用施設を構成する建物で、次に掲げるものに限定されます。

①畜舎、蚕室、温室、農産物集出荷施設、農産物調製施設、農産物貯蔵施設その他これらに類する農畜産物の生産、集荷、調製、貯蔵又は出荷の用に供する施設

②堆肥舎、種苗貯蔵施設、農機具収納施設その他これらに類する農業生産資材の貯蔵又は保管（農業生産資材の販売の事業のための貯蔵又は保管を除く。）の用に供する施設

なお、機械装置、器具備品、構築物、ソフトウエアについては農業用のものであれば良く、それ以外の法律による制限はありません。

特定農業用機械等とは、これまで「農業用の機械その他の減価償却資産」とされ、減価償却資産の耐用年数等に関する省令旧別表7「農林業用減価償却資産の耐用年数表」に掲げるものが対象となりました。平成27年度税制改正により、建物、建物附属設備、ソフトウエアが対象資産に追加されました。

このうち、実際に圧縮記帳の対象となるのは、農業経営改善計画に記載されている農業用固定資産です。原則として農業経営改善計画に記載されている農業用固定資産と異なる資産を圧縮記帳の対象となる資産とすることは認められません。

また、農業経営基盤強化準備金制度では、圧縮記帳の対象となる資産について「製作若しくは建設の後事業の用に供されたことのない」という条件が付いており、新品の資産に限られています。

リース資産であっても所有権移転リース取引によるものは対象に含まれますが、所有権移転外リース取引によるものは、対象資産から除外されています。所有権移転外リース取引が特例の対象から除かれているのは、その減価償却が、法定耐用年数ではなくリース期間で償却するなど、一般的な減価償却方法のルールと異なることから、圧縮記帳において一般の資産の取得と同様に取り扱うことが不適切であるためと考えられます。このため、リース資産について、農業経営基盤強化準備金制度による圧縮記帳の対象としたい場合には、所有権移転リース取引に該当するようにリース契約を締結する必要があります。具体的には、リース契約について①リース期間終了時にリース資産を無償で賃借人に譲渡する（譲渡条件付きリース）、②リース期間を法定耐用年数の70％未満とするほか、リース契約ではなく、③ローン（借入金）とする——などの契約内容とすることが考えられます。

ただし、農林水産省では、農業用固定資産の取得資金の全額について長期運転資金としてではなく、その農業用固定資産の取得のための制度資金

等の資金をもって取得したことが明らかな場合には「農用地等を取得した場合の証明書」を発行しないとしていますので注意が必要です。なお、農業経営基盤強化準備金制度の圧縮記帳では、確定申告書に「農用地等を取得した場合の証明書」の添付がある場合に限って適用されることになっています。

(2) 対象資産の取得時期

農用地等を取得した場合の課税の特例では、準備金を取り崩した場合だけでなく、受領した交付金等を準備金として積み立てずに受領した事業年度に用いて農用地又は農業用減価償却資産を圧縮記帳することができます。この場合、交付金等を受領する前に取得した農業用固定資産についても、同一事業年度であれば、圧縮記帳の対象となります。

(3) 圧縮限度額

農用地等を取得した場合の課税の特例による圧縮限度額は、次のいずれか少ない金額となります（措法61の3①）。

①「農業経営基盤強化準備金の取崩額」と「農業経営基盤強化準備金に関する証明書」（別記様式第4号）の金額の合計額

②その事業年度（年）の所得（事業所得）の金額

③圧縮対象資産の取得価額

上記②の所得の金額は、農用地等を取得した場合の課税の特例の規定を適用せず、法人の場合は支出した寄附金の全額を損金算入して計算した場合の事業年度（年）の所得（事業所得）の金額です。また、2021年（令和3）4月以後に開始する事業年度（個人は令和4年分）から、積立て後5年を経過した農業経営基盤強化準備金の取崩しによる益金算入額は、圧縮限度額の計算において②の「その事業年度の所得の金額」の金額を構成しないものとして計算します。

図 4-5. 農業経営基盤強化準備金制度による圧縮限度額（税制改正後）

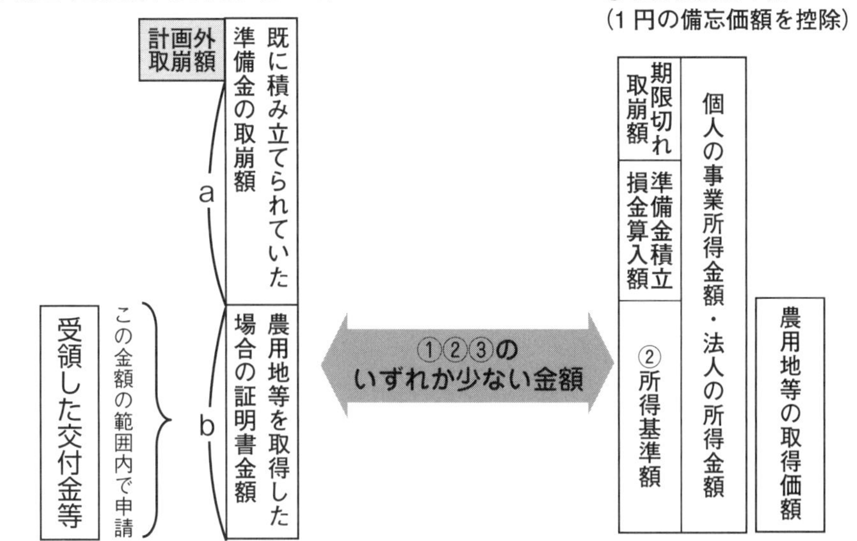

（4）圧縮記帳に係る会計

a）農業用固定資産の取得

取得した農用地（登記日）や特定農業用機械等を取得日（納品日等）で資産に計上します。取得した資産が複数の場合には、土地、構築物、機械装置など、資産の種類ごとに計上します。

取得日：

借方科目	税	金額	貸方科目	税	金額
機械装置、等	課	4,000,000	未払金	不	4,000,000

b）圧縮記帳

圧縮記帳にも損金経理による方法(直接減額方式または引当金繰入方式)と剰余金処分経理による方法とがあります。個人の場合は直接減額方式のみですが、法人の場合はいずれの方法によることもできます。ただし、法人が直接減額方式による場合には、帳簿価格として１円以上の金額を備忘価額としなければなりません。準備金について採用した経理方式にかかわらず、圧縮記帳については、損金経理、剰余金処分経理のいずれも選択できます。

(a) 直接減額方式（損金経理）

期末日：

借方科目	税	金額	貸方科目	税	金額
固定資産圧縮損	不	3,999,999	機械装置、等	不	3,999,999

法人が直接減額方式による場合、複数の減価償却資産として計上される場合には、それぞれの資産ごとに最低でも1円の帳簿価額とする必要があるので、資産の種類が多いほどその分、固定資産圧縮損（＝圧縮限度額）の金額が減ることになります。

(b) 積立金経理方式（剰余金処分経理）

期末日または決算確定日（総会日）：

借方科目	税	金額	貸方科目	税	金額
繰越利益剰余金	不	4,000,000	圧縮積立金	不	4,000,000

剰余金処分経理方式による場合、法人税申告書別表4において、当期利益に、準備金の取崩額を加算、圧縮額（圧縮積立金の積立額）を減算しますが、これらは同額のため差引き調整額はゼロになります。

(5) 特定農業用機械等の減価償却

農用地等を取得した場合の課税の特例の適用を受けた特定農業用機械等については、圧縮後の取得価額を基礎として減価償却を行います。ただし、取得価額（法人で直接減額方式の場合は取得価額から1円の備忘価額を控除した残額）の全額を圧縮記帳した場合、減価償却を行うことができません。また、農用地等を取得した場合の課税の特例の適用を受けた特定農業用機械等については、原則として特別償却や割増償却の規定は適用されません。このため、この特例の適用を受けた特定農業用機械等については、圧縮後の取得価額が160万円以上であっても、中小企業者が機械等を取得した場合の特別償却又は所得税額の特別控除（措法10の3、42の6）の規定の適用を受けることはできません。

一方、取得価額の一部のみを圧縮記帳した場合は、普通償却による減価償却を行うことができます。しかしながら、普通償却による減価償却を行うことで課税所得金額がマイナスになる場合は、圧縮記帳をした事業年度においては減価償却をしません。強制償却である個人の場合と異なり、法人の場合は任意償却ですので、税法上は減価償却を行わないことができます。この場合、圧縮資産について減価償却しないことによって、個人の場合のような圧縮額の最適額を導くための複雑な計算を回避することができます。なお、一般に減価償却を取りやめることは粉飾決算に繋がるため、企業会計上の問題があります。しかしながら、この場合には、減価償却費の代わりに同額を固定資産圧縮損として計上しており、当期純利益の額に影響を与えないため、基本的には、企業会計上も問題ありません。

(6) 証明書の交付申請

農業経営基盤強化準備金制度による圧縮記帳をするには、その適用を受けようとする年分の確定申告書に「農用地等を取得した場合の証明書」(別記様式第4号) を添付することが必要となります (措規9の3②)。

証明書の交付を受けるには、「農用地等を取得した場合の証明申請書」(別記様式第3号) に次に掲げる書類を添付して、地方農政局等に提出します。

①農業経営改善計画の写し
②「農業経営基盤強化準備金に関する計画書兼実績報告書」(別記様式第5号)
③交付金等の交付決定通知書等の写し
④前年分の貸借対照表の写し
⑤農業用固定資産の領収書、契約書、納品書など

建物を取得した場合、上記の書類に加えて次の書類を確認することになります。

①その建物が立っている場所がわかる書類
登記簿、建築確認申請書、建築確認の完了検査済書など
②建物が建っている土地の農業振興地域整備計画における用途区分がわかる書類
市町村長が発行する用途区分証明、農業振興地域整備計画書の写しや計画図の写しなど

5）農業用固定資産を購入する場合の留意点

(1) 特定農業用機械等を購入する場合

a）対象資産の選択

圧縮記帳は免税ではなく課税の繰り延べに過ぎません。圧縮記帳が課税の繰り延べであるという理由は、固定資産の取得価額が減額されることにより減価償却費も減少するので、圧縮記帳の翌年度以降、課税の取り戻しが行われることにあります。したがって、圧縮の対象とする固定資産には、土地などの非減価償却資産を、次いで減価償却資産では建物など耐用年数の長いものを選ぶと良いでしょう。

法人税等の税金も支出であることに変わりはなく、資金の流出は後になる方が有利です。その分の資金があれば資金が必要なときに借金をしないで済み、利払いというコストがかからず、資金繰りも楽になります。また、資金に余裕があれば運用により利益を生む場合もあります。したがって、課税の免除ではなく、繰り延べであってもメリットがあります。

b）特定農業用機械等の減価償却

農用地等を取得した場合の課税の特例の適用を受けた特定農業用機械等については、圧縮後の取得価額を基礎として減価償却を行います。また、この特例の適用を受けた特定農業用機械等については、原則として特別償却や割増償却の規定は適用されません。したがって、この特例の適用を受けた特定農業用機械等については、圧縮後の取得価額が160万円以上であっても、中小企業者が機械等を取得した場合の特別償却又は所得税額の特別控除（措法10の3、42の6）の規定の適用を受けることはできません。

(2) 農地を購入する場合

a）農用地を購入する場合

農地のような非減価償却資産を取得した場合には、その資産を売却しない限り、半永久的に課税が繰り延べられます。このように農地を圧縮記帳した場合、節税効果が大きい半面、納税の減少額よりも農地の取得による資金支出が上回るため、法人のキャッシュフローを悪化させる要因になります。農業経営基盤強化準備金制度は内部留保を促進して税負担を軽減する効果がありますが、その活用方法を誤ると法人の財務基盤を弱体化しかねません。

とくに、土地利用型経営の法人が、規模拡大のために農地を購入することは、多額の資金を要するためお勧めしません。水田や畑など生産手段としての農地の機能は、特定の農地に固有のものではなく、他の農地でも代替可能であり、農地の所有権を取得しても農地の使用価値が高まるわけではないからです。離農農家から放出される農地の売却先として農業法人が期待されており、今後さらに離農の増加が懸念されるなか、農地購入の農業法人への圧力がさらに高まるおそれがあります。また、地域の農地所有者から一度、農地を購入したことで、農地を売却したい別の農地所有者からも次々と農地の買取りを求められるといった事例も出ています。

しかしながら、園芸用施設の底地の農地については、借地による場合、園芸用施設の耐用年数やリース期間の途中において農地の賃貸借契約の終了や中途解約等があれば園芸用施設の撤去を求められるリスクがあります。このため、園芸用施設の底地の農地のように、経営戦略上、重要性の高い農地については、あえて所有権を取得しておくことも必要であり、そのような場合に農業経営基盤強化準備金制度による圧縮記帳を活用することは、経営安定のための有効な手段となります。

6）法人化・組織再編の農業経営基盤強化準備金の取扱い

(1) 個人の農業経営基盤強化準備金の処理

a）個人の農業経営基盤強化準備金は圧縮記帳で取り崩してから法人化

法人化するための手順の注意点としては、まず、法人化する前に個人で積み立てた農業経営基盤強化準備金を取り崩して農業機械・施設を取得して圧縮記帳することです。個人農業で積み立てた農業経営基盤強化準備金は、法人に引き継ぐことができません。このため、農業経営基盤強化準備金の残高がある状態で個人農業を廃業すると、準備金を全額取り崩さなければならず、取崩益に課税されて税負担が重くなります。したがって、個人農業で積み立てた農業経営基盤強化準備金は、圧縮記帳で取り崩してから法人化するのが得策です。

農業経営基盤強化準備金制度で圧縮記帳をして帳簿価額がゼロになった特定農業用機械等については、法人との間で使用貸借契約書を締結して法人に無償で貸し付けます。かりに無償で譲渡すると低額譲渡の規定によって、時価で譲渡したものとみなされて譲渡所得税が課税されるからです。一方、無償で貸し付けると減価償却費が個人の必要経費にならず、税務上は不利になりますが、帳簿価額がゼロの場合には、減価償却費がないため不利になりません。圧縮記帳をしても帳簿価額がゼロにならなかった特定農業用機械等については、時価の２分の１以上の価格で法人に譲渡すると良いでしょう。

b）個人の農業経営と認定農業者を継続

法人設立後も、個人農業として過年分の農産物の精算金や経営所得安定対策の交付金を受け取ることがあります。この場合、たとえば法人設立時に栽培中の麦作や園芸作物など一部の農業経営を個人事業として継続し、個人として認定農業者や青色申告を継続しておき、圧縮記帳や農業経営基盤強化準備金の積立てに対応できるようにする方法もあります。

また、個人で積み立てた農業経営基盤強化準備金が残った場合、個人経営としての農業経営を継続することで、農業経営基盤強化準備金を数年間に分けて取り崩して総収入金額に算入する方法もあります。

(2) 農事組合法人を再編成する場合の農業経営基盤強化準備金の処理

複数の集落営農法人を一つにまとめて広域連携法人として再編成する場合、個々の集落営農法人で積立てた農業経営基盤強化準備金があれば、これを取り崩して農業機械・施設を取得して圧縮記帳したうえで、組織再編後に広域の連携法人で活用します。

広域連携法人で必要となる農業機械・施設について、広域の農業機械・施設整備計画を策定し、その計画に基づいて個々の集落営農法人が農業機械等を購入します。ただし、農業経営基盤強化準備金をもって農業機械等を取得する場合、農業経営改善計画への記載が条件のため、事前に個々の集落営農法人において農業経営改善計画の変更手続きを行います。

農事組合法人は、組合員に持分を払い戻して非出資農事組合法人に移行した後に一般社団法人に組織変更することができます。そのうえで、一般社団法人が保有する農業機械・施設等は、必要に応じて広域の農業法人に有償譲渡します。非営利型法人の一般社団法人の場合、農業機械・施設の譲渡について譲渡益が生じても法人税は課税されず、収益事業を営まなければ法人税の申告も不要になります。

第５章

肉用牛免税

1）制度の概要

農業を営む個人または農地所有適格法人が、特定の肉用牛を売却した場合、年間1,500頭までの免税対象飼育牛の売却について、個人についてはその売却により生じた事業所得に対する所得税を免除、農地所有適格法人についてはその売却による利益の額を損金に算入します。

(1) 特定の肉用牛

特定の肉用牛とは、個人または農地所有適格法人が飼育した肉用牛で①家畜市場や中央卸売市場など一定の市場で売却したもの、②飼育した生後1年未満の肉用子牛を生産者補給金交付業務の事務を受託する農協（連合会）で農林水産大臣が指定したものに委託して売却したもの、です。

(2) 免税対象飼育牛

免税対象飼育牛とは、特定の肉用牛で①売却金額が基準金額（肉専用種100万円、交雑種80万円、乳用種50万円）未満のもの、②一定の登録のあるもの――をいいます。一方、売却価額が基準金額以上の肉用牛は、一定の登録のあるものを除き、免税対象飼育牛になりません。

個人の場合、特定の肉用牛のうちに免税対象飼育牛に該当しないものまたは年間1,500頭を超える免税対象飼育牛が含まれているときは、その個人のその年分の総所得金額に係る所得税の額は、次に掲げる金額の合計額とすることができます。

①（免税対象飼育牛に該当しない特定の肉用牛の売却価額＋年間合計が1,500頭を超える免税対象飼育牛の売却価額）×5％

②その年において特定の肉用牛に係る事業所得の金額がないものとみなして計算した場合におけるその年分の総所得金額について計算した所得税相当額

なお、免税対象飼育牛の売却による利益の額とは、次の算式で表されます。

売却による利益＝免税対象飼育牛に係る収益－（収益に係る原価＋売却に係る経費）

平成 20 年度税制改正によって、乳用種について売却金額が 50 万円未満のものに限定されたほか、免税対象牛の売却頭数の上限が設けられ、免税対象牛の売却頭数が年間 2,000 頭を超える部分の所得については、免税対象から除外されました。さらに、平成 23 年度税制改正によって、売却頭数の上限が年間 1,500 頭に引き下げられたほか、交雑種（F1）について売却価額が 80 万円以上のものに限定されました。平成 26 年度税制改正、平成 29 年度税制改正、令和 2 年度税制改正によってそれぞれ適用期限が 3 年延長になりました。その結果、令和 6 年 3 月 31 日を含む各事業年度まで肉用牛免税が適用されることになります。

個人の場合には、免税対象飼育牛に該当しないものや頭数制限を超えるものについて売却価額の 6.5％（所得税 5%、住民税 1.5％）で分離課税されます。個人の場合に分離課税の適用を受けることが不利になるときは、免税対象飼育牛について免税の適用を受けないで、すべての肉用牛について通常の総合課税により申告することができますが、その場合、所得税の負担が生じます。また、個人の場合には、免税の結果欠損金が生じても繰り越すことができません。

一方、法人の場合には、農地所有適格法人の場合、肉用牛の売却による利益を損金算入します。損金算入するということは、法人税の課税対象となる所得金額を計算するうえで、損益計算書の当期純利益から肉用牛の売却の利益を減算するということです。その結果、決算書は黒字で利益が出ていても、課税所得は、ほとんどの場合、マイナスになります。法人の場合、分離課税されるしくみになっていないことや、利益相当額の損金算入の結果生じた欠損金について青色欠損金として繰り越すことができるなど、表 5-2（139 頁）のような違いがあり、個人に比べてメリットが多くなっています。このため、個人の肉用牛経営で所得税が発生する場合には、一般に、農地所有適格法人として法人化した方が有利になります。

2）免税対象飼育牛に係る収益

肉用牛売却所得の課税の特例では、免税対象飼育牛に係る収益の額から当該収益に係る原価の額と当該売却に係る経費の額との合計額を控除した金額を免税対象飼育牛の売却による利益の額とし、これを損金算入することができます。この場合の免税対象飼育牛に係る収益とは、食肉市場で売却した肉用牛の場合、枝肉の売却価額だけでなく、内臓原皮等の価額が含まれます。

肉用牛肥育経営安定交付金（牛マルキン）、肉用子牛生産者補給金は、免税対象飼育牛に係る収益に含めます。一方、肥育牛経営等緊急支援特別対策事業奨励金は、牛マルキンとは異なり、肉用牛の取引価格に関係なく一律に交付するものであるため、肉用牛の売却価額には含めず、交付決定日に収益計上します。また、過去の裁決例によれば、市場による出荷奨励金や肉牛事故共済金は、売却価額に含まれないとされていますので、これらを売上高と区分して経理するため、出荷奨励金は雑収入（消費税課税）、肉牛事故共済金は受取共済金（同・不課税）として、それぞれ経理することになります。

免税対象飼育牛に該当するかどうかの免税基準価額(肉専用種100万円、交雑種80万円、乳用種50万円）を適用するにあたって、消費税相当額を上乗せする前の売却価額すなわち税抜き売却価額を用いますが、「生産者補給金等の交付を受けているときは、当該補給金等の額を加算した後の金額」によって判定することとしています（「肉用牛売却所得の課税の特例措置について」（注））。これは間接的な表現ですが、生産者補給金等が免税対象飼育牛に係る収益に含まれることを表しています。

注. 平成23年12月27日付け23生畜第2123号農林水産省生産局長通知、最終改正令和3年4月14日

表 5-1. 免税対象飼育牛の売却利益の計算方法

		計算に含めるもの	含めないもの
免税対象飼育牛に係る収益	肉用牛	枝肉［軽減税率］ 内臓［軽減税率］ 原皮［標準税率］ 肉用牛経営安定交付金（牛マルキン）［不課税］	出荷奨励金［標準税率］ 肉牛事故共済金［不課税］ 肉用牛家畜共済金［不課税］ 配合飼料価格差補填金［不課税］
	肉用子牛	生体［標準税率］ 肉用子牛生産者補給金［不課税］	
収益に係る原価		飼育に要した原材料費（配合飼料価格差補填金は控除）、労務費、経費の額	販売費及び一般管理費、業外費用、特別損失の額
売却に係る経費		免税対象飼育牛1頭ごとの売却に直接対応する市場販売手数料など	広告宣伝費など売却した免税対象飼育牛に直接対応しない経費

3）収益に係る原価

収益に係る原価とは、肉用牛の肥育経営の場合、肉用牛１頭ごとの製造（生産）原価です。肉用牛の原価とは、棚卸資産である肉用牛の取得価額であり、自己の飼育に係る棚卸資産の取得価額は、次に掲げる金額の合計額となります。

○当該資産の飼育（製造）等のために要した原材料費、労務費及び経費の額

○当該資産を消費し又は販売の用に供するために直接要した費用の額

法人が棚卸資産につき算定した飼育（製造）の原価の額が上記の合計額と異なる場合において、その原価の額が適正な原価計算に基づいて算定されているときは、その原価の額に相当する金額をもって取得価額とみなすこととしており（法令32)、原価については「適正な原価計算」に基づいて算定するのが基本となります。

配合飼料価格安定補填金は肉用牛の売却に係る収益の額には含まれませんが、配合飼料の購入に係る経費と配合飼料価格安定補填金の収益が対応するように未収計上した場合は、製造原価の額から控除することができます（法基通５－１－６)。肉用牛の売却に係る所得の損金算入に関する特例の適用を受ける法人においては、製造原価の額から控除することで、肉用牛の売却に係る所得が増加し、税務上、有利になります。なお、法令の規定等（「経営継続補助金」のように予算措置によるものを含む。）に基づき交付を受ける助成金について、あらかじめその交付を受けるために必要な手続をしている場合には、その経費が発生した事業年度中に助成金等の交付決定がされていないとしても、その経費と助成金等の収益が対応するように、その助成金等の収益計上時期はその経費が発生した日の属する事業年度として取り扱われます（法基通２－１－42)。

繁殖経営や一貫経営の場合には、繁殖雌牛の減価償却費も製造原価に算入します。

一方、酪農経営の場合、子牛は副産物ですので、搾乳牛の減価償却費は子牛の原価には含めません。副産物等の評価額は、実際原価として合理的に見積った価額によりますが、搾乳牛が出産した直後の子牛の実際原価は、種付費用または受精卵移植費用により計算することになります。

また、繁殖用の経産牛自体も免税対象飼育牛となります。繁殖牛は減価

償却資産ですので、未償却残高が原価となります。

4）売却に係る経費

売却に係る経費とは、売却をした免税対象飼育牛のその売却に係る経費であり、免税対象飼育牛１頭ごとの売却に直接対応する市場の販売手数料のほか市場までの輸送運賃などに限定されます。したがって、販売費であっても広告宣伝費など売却した免税対象飼育牛に直接対応しない経費は、売却に係る経費には含めません。

5）適用対象となる肉用牛

肉用牛売却所得の課税の特例の適用対象となる肉用牛の範囲は次のとおりであり、搾乳牛は対象から除外されていますが、子取り用雌牛については、肉用牛等に含まれるため、本来、対象となります。

○肉用牛等（種雄牛・牛の胎児を除く。）

○乳牛の雌（子牛の生産の用に供されたものを除く。）

○乳牛の子牛等

適用対象となる肉用牛の範囲について農林水産省生産局長通知で「肉用牛の飼育期間が極端に短く、単なる肉用牛の移動を主体とした売却により生じた所得は、本措置の適用対象とならず、2か月以上飼育した場合に本措置の適用対象となる」（前掲「肉用牛売却所得の課税の特例措置について」）とされています。

なお、個人農業者の場合は、固定資産として経理されている子取り用雌牛については、肉用牛売却所得の課税の特例措置が適用されないものとされていますが、これは売却による対価が譲渡所得となるためで、法人の場合には適用されることになります。

ただし、この特例措置の適用を受けるには、「肉用牛売却証明書」の添付が必要です。家畜市場によっては、肉用牛の経産牛について本特例措置が適用されないものとして証明書を発行しないところも一部にありますが、肉用牛の経産牛について証明書の添付がない場合には、法人であっても原則として本措置が適用されないことになりますので注意が必要です。

このうち免税対象飼育牛となるのは、一定の家畜市場で売却した肉用牛、農協（連合会）に委託して売却した肉用子牛で、①売却金額が基準金額（肉

表 5-2. 個人と法人の肉用牛免税の違い

	個人農業者	農地所有適格法人
基本的な免税のしくみ	個人の売却をした日の属する年分の売却により生じた事業所得に対する所得税を免除。1,500頭[注1]を超える部分は分離課税。	免税対象飼育牛の売却による利益（1,500頭[注1]を超える部分を除く。）相当額を売却した日を含む事業年度の所得の金額の計算上、損金の額に算入。
免税所得計算方法	とくに定めなし。	売却による利益＝免税対象飼育牛に係る収益－（収益に係る原価＋売却に係る経費）
免税対象飼育牛に係る収益	右に同じ。	牛マルキンなど肉用牛の取引価格が一定の価格を下回る場合に交付されるものは、個別通達[注2]にいう生産者補給金等に該当し、売却に係る収益の額に含む。
収益に係る原価	一般に、農業所得の必要経費を、肉用牛の売却に係る必要経費とそれ以外の必要経費とに区分する。ただし、青色申告特別控除については区分する必要はなく、肉用牛の売却に係る所得以外から青色申告特別控除の全額を差し引く。	売却直前の帳簿価額とは、売上原価の額を意味し、免税対象飼育牛の仕入れに要した額と仕入れから売却までの肥育製造原価との合計額がこれに相当する。肥育製造原価の額は、事業年度の肥育総原価の総額と肉用牛の肥育日数の累計日数から1頭の1日当たりの肥育製造原価の額を算出し、これに仕入れから売却までの日数を乗じて算出する。 前事業年度から引続き肥育されている免税対象飼育牛については、同様に前事業年度の肥育製造原価の額に基づき計算した金額、すなわち期首棚卸高を前事業年度までの帳簿価額とする。
売却に係る経費	一般に、経費については、売却に係る経費だけでなく、経費全般を按分するよう指導されている。	売却に係る経費の額は、市場における免税対象飼育牛の売却に係る手数料等の額のほか、市場まで輸送するための運賃の額が含まれる。
免税対象飼育牛以外の取扱い	売却価額100万円（交雑種80万円、乳用種50万円）以上、1,500頭超の特定の肉用牛の売却による収入金額に5%（住民税1.5%）により分離課税。	通常の所得計算による。分離課税など別途の課税はなし。
欠損金の取扱い	特例適用前の農業所得が黒字の場合、欠損金を翌年に繰り越すことはできない。	損金算入の結果生じた欠損金については、青色欠損金として繰り越すことができる。

注.

1）「措置法第67条の3第1項に規定する免税対象飼育牛に該当する肉用牛の頭数の合計が年1,500頭を超える場合において、同項の規定により損金の額に算入される年1,500頭までの売却による利益の額がいずれの肉用牛の売却による利益の額の合計額であるかは、法人の計算による」（租税特別措置法関係通達（法人税編）67の3－1）とされている。

2）「措置法第25条及び第67条の3に規定する肉用牛の売却価額に係る消費税及び地方消費税の取扱いについて」（平成9年3月27日課所7－3及び課法2－3国税庁長官通達）

専用種100万円、交雑種80万円、乳用種50万円）未満のもの、②一定の登録のあるもの――をいいます。

ただし、免税対象飼育牛の一事業年度中の売却頭数が1,500頭を超える場合には、1,500頭を超える部分の売却による利益の額は除かれます。売却頭数が1,500頭を超えた場合に、どの免税対象飼育牛の売却利益を合計して免税所得とするかは、納税者の「計算による」ものとしており、自由に決めていいことになります。したがって、売却利益の大きいものから1,500頭の分を合計して免税所得とすると、税務上、有利になります。しかしながら、一事業年度中の売却頭数が1,500頭を超えない場合には、免税対象飼育牛全てのうちに、一頭ごとに計算すると損失が生じる免税対象飼養牛があったとしても、これを除外して免税対象飼育牛の売却による利益の額を計算することはできない（前掲「肉用牛売却所得の課税の特例措置について」）ことに留意する必要があります。

6）事業年度の選択

牛マルキンの確定額が四半期ごとに計算される仕組みとなっているため、交付金を決算整理において未収計上するには、実務上、決算月を3月、6月、9月、12月のいずれかとするしかありません。このため、肉用牛肥育経営の法人でそれ以外の月を決算月としている場合は、事業年度を変更することをお勧めします。

牛マルキンの交付金の額の算出は月ごとに行われますが、四半期の最終月以外に販売された交付対象牛に係る交付金は概算払いを行い、交付金として支払う額（確定額）と概算払の額との差額を精算払します。このため、たとえば、1月に売却した肉用牛の牛マルキンについて、概算払いは3月上旬に支払われますが、精算払い（確定）は5月になります。このため、1月決算の法人の場合、かりに申告期限の延長の特例により1か月の申告期限の延長をして申告期限を4月末に変更しても精算払いの分は未収計上に対応できません。3月決算とすれば、3月に売却した肉用牛の牛マルキンは、5月に支払われる確定払いのみとなり、5月末の申告に間に合います。

第６章

農業法人の運営・税務 Q＆A

1　インボイス制度

Q1　インボイス制度とは何ですか。また、インボイスが必要となる理由を教えてください。

インボイス制度とは、正式には「適格請求書等保存方式」といい、複数税率に対応した仕入税額控除の方式で、2023年10月1日から導入されます。適格請求書とは、売手が買手に対して正確な適用税率や消費税額等を伝えるための手段で、一定の事項が記載された請求書や納品書などの書類をいいます。適格請求書（インボイス）を交付できるのは、適格請求書発行事業者に限られ、適格請求書発行事業者となるには、「適格請求書発行事業者の登録申請書」を提出して、登録を受ける必要があります。

Q2　適格請求書発行事業者の登録をしたうえで、簡易課税制度を選択することができますか。また、できる場合は、その手続きを教えてください。

適格請求書発行事業者の登録を受けることができるのは、課税事業者に限られますが、一般課税である必要はなく、簡易課税でもかまいません。

簡易課税制度の適用を受けるには、課税期間が開始する前に「消費税簡易課税制度選択届出書」を提出するのが原則です。ただし、免税事業者が2023年（令和5年）10月1日の属する課税期間に適格請求書発行事業者の登録を受け、登録を受けた日から課税事業者となる場合、その課税期間から簡易課税制度の適用を受ける旨を記載した届出書をその課税期間中に提出すれば、その課税期間から簡易課税制度を適用することができます。

Q3 免税事業者が適格請求書発行事業者になることのメリット・デメリットはなんですか。

免税事業者の農業者が適格請求書発行事業者になることのメリットは、農産物の買取販売において消費税相当額を上乗せした価格で販売することができることです。農産物の買取販売では、適格請求書発行事業者にならないと消費税相当額（税抜課税売上高の8%）の値引きを求められることがあるため、その場合、消費税の納税（簡易課税の場合は税抜課税売上高の1.6%）をしても適格請求書発行事業者になった方が有利になります。

一方､免税事業者の農業者が適格請求書発行事業者になるデメリットは、適格請求書発行事業者の登録申請などの手続きに加えて消費税の申告・納税が必要となることです。

Q4 農事組合法人（1号法人）が組合員の農産物を販売していますが、委託販売から買取販売に変える必要がありますか。また、その場合の注意点を教えてください。

農事組合法人（1号法人）の場合、無条件委託方式かつ共同計算方式の委託販売であれば農協特例が適用され、組合員の農業者が適格請求書発行事業者とならなくても、買手は農事組合法人から交付を受けた書類（インボイスに該当しない通常の請求書）により仕入税額控除を受けることができます。このため、無条件委託方式かつ共同計算方式であれば、委託販売から買取販売に変更する必要はありません。

買取販売とする場合は、免税事業者からの仕入分について消費税相当額を上乗せしない（ただし、経過措置の期間は消費税相当額の80%または50%を上乗せ）で支払うなどの対応が必要になります。

Q5 任意団体は任意団体のまま適格請求書発行事業者登録ができるのでしょうか。任意団体は、インボイス制度の導入をきっかけとして法人化をした方が良いのでしょうか。

任意団体には、「任意組合」と「人格のない社団」とがありますが、任意組合の場合、適格請求書を交付できるのは、その組合員の全てが適格請求書発行事業者の場合に限られます。

人格のない社団の場合は、団体として登録申請書を提出して登録を受ければ適格請求書を交付できますが、消費税だけでなく法人税の申告も必要となります。出荷団体は、一般に、人格のない社団に該当すると思われますが、登録事業者となれば任意団体のままでも法人税の申告が必要となるので、同じ手間がかかるのなら信用力のある株式会社などの法人組織に変更することをお勧めします。

Q6 消化仕入でも農産物直売所が作成した精算書を農業者に交付するのでしょうか。また、農業者との間で基本契約を締結する必要がありますか。

消化仕入では、買手が作成した仕入明細書等の保存によって仕入税額控除に対応します。この場合の仕入明細書等は、相手方の確認を受けたものに限られます。相手方の確認を受ける方法としては基本契約等を締結するのが現実的な方法です。この場合の基本契約等には、仕入明細書等の写しを相手方に交付した後、一定期間内に誤りのある旨の連絡がない場合には記載内容のとおり確認があったものとする旨を記載します。合わせて仕入明細書等に、たとえば、「送付後1か月以内に誤りのある旨の連絡がない場合には記載内容のとおり確認があったものとする」といった文言を記載する必要があります。

2 農業経営基盤強化準備金制度

1）令和３年度・平成30年度税制改正関係

Q1　令和３年度税制改正によって、期限切れの準備金の取崩しや、期限切れの農業経営基盤強化準備金の取崩しによる益金算入額は、積立限度額や圧縮限度額から除外されることになりましたが、どうしたらよいでしょうか。

農業経営基盤強化準備金を毎期、洗い替えて積み立てることで更新することをお勧めします。具体的には、対象交付金等の額の合計額の全額について「農業経営基盤強化準備金に関する証明書」の交付を受けて、対象交付金等のほぼ全額を準備金として積み立てるようにしてください。そのうえで、所得金額がマイナスにならないよう、前期以前に積み立てた農業経営基盤強化準備金の残高を取り崩して調整します。

Q2　農業経営改善計画に記載のない農業用固定資産を取得した場合に農業経営基盤強化準備金制度による圧縮記帳を行うにはどうしたらよいでしょうか。

農業経営改善計画等に記載のない農用地、農業用の機械装置・建物・建物附属設備・構築物を取得した場合は、圧縮記帳できません。このため、農業経営改善計画等に記載がない場合は、農業経営改善計画等の変更申請をして記載のうえ、圧縮記帳する必要があります。

なお、農業経営改善計画に記載のない農業用固定資産（器具備品、ソフトウエアを除く）を取得して農業経営改善計画等の変更申請を行わなかった場合、取得価額相当額の準備金が益金算入（総収入金額算入）されて法人税（所得税）が課税されます。

Q3 農業経営改善計画を変更する場合は、いつまでに行えばよいでしょうか。

積み立てる事業年度末（当該事業年度中に証明書を申請する場合は申請する時）までに、農業経営改善計画の変更の手続きをする必要があります。なお、特定農業用機械等を取得して圧縮記帳を行う場合は、確定申告書類に「農用地等を取得した場合の証明書」を添付する必要がありますが、証明書を申請するには農業経営改善計画認定申請書及び農業経営改善計画認定書の写しが必要です。

Q4 農業経営改善計画に記載されている農業用の機械装置を取得した場合に、圧縮記帳を行わず、農業経営基盤強化準備金を取り崩さないことはできますか。

農業経営改善計画等に記載のある農業用の機械装置を取得した場合でも、圧縮記帳を行わないことは可能ですが、準備金は取り崩さなければなりません。ただし、この場合の「取得」からは所有権移転外リースによるものを除くこととされており、また、特定農業用機械等はその製作または建設の後事業の用に供されたことのないものの取得に限られます。このため、農業用の機械装置を取得した場合であっても、中古農機や所有権移転外リースによって取得した場合は、準備金を取り崩す必要はありません。

Q5 農業経営改善計画に記載していた軽油タンクを取得したため、「農用地等を取得した場合の証明書」の交付を申請しましたが、汎用性が高いことから農用地等を取得した場合の課税の特例を適用できないということで証明書が発行されませんでした。この場合、圧縮記帳はできませんが、準備金の取崩しをしなければならないのでしょうか。

汎用性が高いことから適用されないということは農業用でないという判

断になりますので、農業経営基盤強化準備金の取崩し対象からも除外されます。認定計画の定めるところにより「農用地等」の取得等をした場合は、農用地等の取得価額に相当する金額の準備金が益金算入（総収入金額算入）されますので、取崩しが必要となります。しかしながら、「農用地等」とは、農用地または特定農業用機械等をいい、「特定農業用機械等」とは、農業用の機械及び装置、器具及び備品、建物及びその附属設備、構築物並びにソフトウエアをいいます。農業用でない構築物や器具備品は「農用地等」に該当しないため、これらを取得したからといって準備金を取り崩す必要はありません。

Q6 農業経営基盤強化準備金の積立てと取崩しを同じ事業年度で行うことができますか。

農業経営基盤強化準備金の取崩しと積立てを、同じ事業年度で行うことは可能です。農業経営基盤強化準備金の取崩しをした事業年度においても、その事業年度で準備金の対象となる交付金を受領していて「農業経営基盤強化準備金に関する証明書」の交付を受ければ積立限度額の範囲内で農業経営基盤強化準備金の積立てを行うことができます。

Q7 融資により農用地等を取得した場合、農業経営基盤強化準備金制度によって圧縮記帳をすることができますか。また、「農用地等を取得した場合の証明書」が交付されますか。

農業経営基盤強化準備金制度の根拠法である租税特別措置法では、所有権移転外リース取引による取得を除外する一方で、所有権移転リース取引や融資による取得を除外していません。したがって、「農用地等を取得した場合の証明書」が交付されれば、融資によって取得した農用地等について圧縮記帳をすることができます。

ただし、融資を活用して農用地等を取得したことを理由として「農用地等を取得した場合の証明書」が交付されないことがあり、証明書が交付されなければ圧縮記帳できないことになります。しかしながら、「農用地等を取得した場合の証明書」は個人または法人が改善計画に基づき農用地等を取得したことを証明するものであり、融資活用の有無については農政局等で確認する必要はなく、融資を活用した場合についても取得価額相当額について「農用地等を取得した場合の証明書」を発行できるとされています。

2）制度全般

(1) 対象者

Q1 農地所有適格法人の常時従事者であった出資者が常時従事者でなくなったり、農地権利提供者であった出資者が農地提供者でなくなったりした場合、農地所有適格法人の要件を欠くことになりますが、その場合、農業経営基盤強化準備金はどうなりますか。

農業経営基盤強化準備金を積み立てている法人が「認定農地所有適格法人等」に該当しないこととなった場合には、農業経営基盤強化準備金を積み立てられなくなるだけでなく、その該当しないこととなった日における農業経営基盤強化準備金の金額を益金に算入しなければなりません。このため、農地所有適格法人の要件を欠いた場合には、農業経営基盤強化準備金の残高の全額が課税されることになります。

ただし、平成27年農地法改正によって構成員要件が緩和されたため、農地提供者でない常時従事者の構成員が常時従事者でなくなっても、常時従事者でないなど要件を満たさない構成員の議決権の合計が2分の1未満であれば構成員要件を満たすことになり、農地所有適格法人に該当することになります。

Q2 農業経営改善計画等の残存期間が短い場合には、どうすればいいですか。

現在有効の認定計画等の残存期間が少なく、次期認定計画等の有効期間内に農業経営基盤強化準備金を活用し、農用地等の取得を予定している場合の取扱いについては、

(1) 現在有効の認定計画等と次期認定計画等が間断なく認定されていれば、現在有効の認定計画等に基づく農業経営基盤強化準備金は次期認定計画等に引き継ぐ
(2) 農業経営基盤強化準備金の積立時においては、別記様式第５号は現在有効の認定計画等に記載された農用地等の取得計画に従って作成し、農業経営基盤強化準備金の証明申請を行う
(3) 次期認定計画等の認定後、最初の準備金の積立てまたは農用地等を取得した場合の課税の特例の証明申請時において、別記様式第５号を次期認定計画等に記載された農用地等の取得計画に変更することとします。

図 6-1. 認定計画例

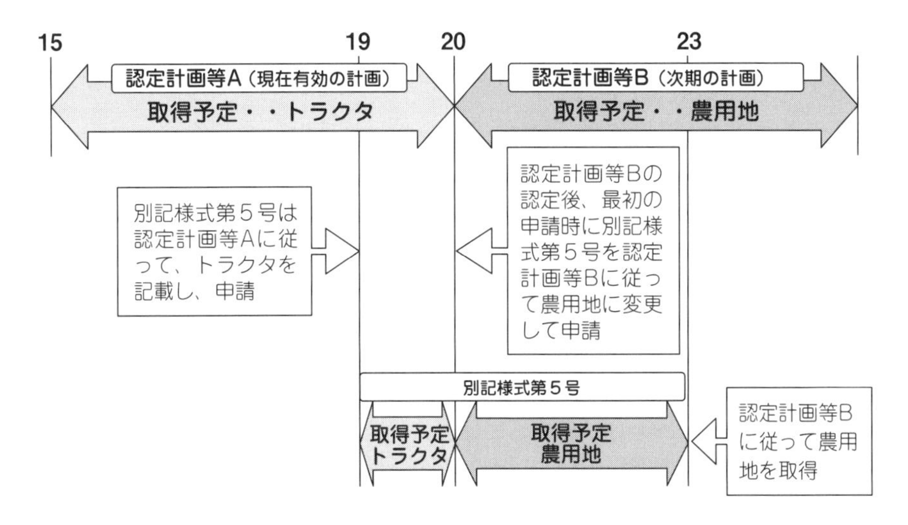

(2) 対象となる交付金等

Q3 集落営農の法人化の支援は農業経営基盤強化準備金の対象となる交付金等になりますか。

集落営農の法人化の支援は、従来から農業経営基盤強化準備金の対象となる交付金等となっていません。

Q4 対象交付金等が期末において入金されていませんが、未収計上したうえで圧縮記帳することができますか。

交付金は、交付決定通知書の日付の属する事業年度（個人は年分）の収益に計上するのが原則です。交付金等が期末において未入金であっても、期末までに交付決定通知を受けていれば交付金等を未収入金に計上することによって、圧縮記帳をすることができます。

農業経営基盤強化準備金の対象となる交付金等の交付を受けた場合において、農業経営基盤強化準備金を積み立てたり、対象固定資産を取得して圧縮記帳をしたりしたときに、その金額を損金算入（必要経費算入）することができます。ここで「交付金等の交付を受けた場合」とは、「交付金等の交付決定通知を受けた場合が含まれる（注）」ものとされています。この場合において、交付金等を未収入金として経理して益金（収入金額）に計上するとともに、農業経営基盤強化準備金を積み立てたり、圧縮記帳をしたりするなど、準備金制度の適用を受けることになります。

注.「個人の農業経営基盤強化準備金制度の適用について（連絡）」平成20年1月9日、国税庁個人課税課課長補佐事務連絡

なお、準備金制度における圧縮記帳においては、「交付金等の額のうち同項の農業経営基盤強化準備金として積み立てられなかった金額」（措法61条の3）が圧縮限度額に含まれることになっています。交付決定通知を受けて未収入金として経理して益金に計上した交付金等の金額のうち、農業経営基盤強化準備金として積み立てられなかった金額が圧縮記帳の対象となる交付金等となることは、租税特別措置法の条文からも読み取ることができます。

Q5 畑作物の直接支払交付金の経理を教えてください。数量払と営農継続支払とを区分する必要がありますか。

畑作物の直接支払交付金の数量払は、対象作物の販売数量・品質に応じて交付されるものですので、「価格補填収入」（営業収益）に計上します。畑作物の営農継続支払（面積払）も基本的には後に支払われる数量払交付金に補充されますので、「価格補填収入」とします。

なお、対象作物の単収が低くなって営農継続支払（面積払）が数量払を上回る場合、本来、その上回る部分については作付面積に基づいて交付されるものであることから、「作付助成収入」（営業外収益）とすべきことになります。しかしながら、営農継続支払について数量払を上回る部分を区分することが難しく、また、金額的にも少ないことから、営農継続支払が数量払を上回る場合であってもそのすべてを「価格補填収入」とします。

Q6 収入減少影響緩和交付金に係る積立金の経理を教えてください。

積立金を拠出した場合は、拠出日に次のように経理します。この場合の「経営保険積立金」は、貸借対照表の資産の部（固定資産の「投資その他の資産（投資等）」）の勘定科目になります（注）。

注．農業経営収入保険制度の導入に伴い、これまで使用してきた「経営安定積立金」を「経営保険積立金」に改め、米・畑作物の収入減少影響緩和交付金（ナラシ対策）や加工原料乳生産者経営安定対策の積立金と合わせて、収入保険の積立金を経理することとなりました。

借方科目	税	金額	貸方科目	税	金額
経営保険積立金	不	300,000	普 通 預 金	不	300,000

一方、交付金を受領したときは、受領日に仕訳を行います。水田・畑作経営所得安定対策の場合、補填金のうち４分の１相当額は、生産者拠出分の積立金ですので、同額の経営保険積立金（資産）を取り崩し、残額を経営安定補填収入（特別利益）とします。

借方科目	税	金額	貸方科目	税	金額
普 通 預 金	不	1,000,000	経営保険積立金	不	250,000
			経営安定補填収入	不	750,000

農水省の通知においても、水田・畑作経営所得安定対策の「収入減少影響緩和対策に係る積立金を拠出した場合は、貸借対照表の資産の部に『経営積立金』等」で計上することとしています（注）。

注．「収入減少影響緩和対策に係る税務及び会計の取扱いについて」平成20年１月17日付け、経営局経営政策課課長補佐（収入減少対策班担当）事務連絡

(3) 対象となる農業用固定資産

Q7 農業経営基盤強化準備金で取得することのできる農業用固定資産に制限はあるのですか。

この制度は、担い手が農業経営改善計画等に従い農業経営基盤の強化を図るための特例ですので、取得することのできる農業用固定資産は、農業経営基盤の強化を図るために取得を予定する農用地や特定農業用機械等であり、特定農業用機械等については農業経営改善計画の「②農業経営の規模拡大に関する現状及び目標」の「（３）農用地及び農業生産施設」欄又は「(別紙) 生産方式の合理化に係る農業用機械等の取得計画」に記載されているものなどに限られます。

この場合の農用地とは、農地、農地以外の耕作用地、採草放牧地をいい、農用地に係る賃借権を含みます。また、特定農業用機械等とは、農業用の機械装置、器具備品、建物、建物附属設備、構築物、ソフトウエアです。ただし、建物及び建物附属設備については、農業振興地域制度による農用地利用計画において農用地区域（いわゆる「農振青地」）の区域内にある「農業用施設用地」として用途が指定された土地に建設される農業の用に直接供される農業用施設を構成する建物で、次に掲げるものに限定されます。

①畜舎、蚕室、温室、農産物集出荷施設、農産物調製施設、農産物貯蔵施設その他これらに類する農畜産物の生産、集荷、調製、貯蔵又は出荷の用に供する施設

②堆肥舎、種苗貯蔵施設、農機具収納施設その他これらに類する農業生産資材の貯蔵又は保管（農業生産資材の販売の事業のための貯蔵又は保管を除く。）の用に供する施設

Q8 農業経営基盤強化準備金制度の対象となる農用地とはどんなものですか。

農業経営基盤強化準備金制度の対象となる農用地は、農業経営基盤強化促進法第４条第１項第１号に規定する農用地で、農地と採草放牧地が該当します。また、対象となる農用地には、その農用地に係る賃借権を含み

ます。

一方、混牧林地（農業経営基盤強化促進法第４条第１項第２号）や農業用施設用地（同第３号）、農用地開発用地・農業用施設開発用地（同第４号）は対象となりません。

Q9 農業経営基盤強化準備金制度の対象となる「農用地に係る賃借権」とはどんなものですか。

個人や法人がその借地である農用地で自ら土地改良をした場合の整地に要した費用の額が農用地に係る賃借権となります。借地において作業効率を高める目的で畦畔を除去して田の区画を広くするため、工事費を支払った場合、賃借した土地の改良のための整地に要した費用の額であるため、原則として借地権の取得価額になります。

法人税基本通達７－３－８（借地権の取得価額）

借地権の取得価額には、土地の賃貸借契約又は転貸借契約（これらの契約の更新及び更改を含む。以下７－３－８において「借地契約」という。）に当たり借地権の対価として土地所有者又は借地権者に支払った金額のほか、次に掲げるような金額を含むものとする。ただし、（1）に掲げる金額が建物等の購入代価のおおむね10％以下の金額であるときは、強いてこれを区分しないで建物等の取得価額に含めることができる。（昭55年直法２－８「二十一」により改正）

（1）土地の上に存する建物等を取得した場合におけるその建物等の購入代価のうち借地権の対価と認められる部分の金額

（2）賃借した土地の改良のためにした地盛り、地ならし、埋立て等の整地に要した費用の額

（3）借地契約に当たり支出した手数料その他の費用の額

（4）建物等を増改築するに当たりその土地の所有者等に対して支出した費用の額

農業経営改善計画に借地権として資産計上した場合、借地権は農業経営基盤強化準備金制度による圧縮記帳（農用地等を取得した場合の課税の特例）の対象となりますので、農業経営基盤強化準備金の残高があったり農地所有適格法人で経営所得安定対策等の交付金を受け取ったりしていれば圧縮記帳することができます。

Q10 その年度の上期に購入した機械に関して、圧縮記帳の対象とすることは可能ですか。

農業用固定資産が、事業年度（年）において取得して事業の用に供したものであれば、交付金等の受領前に取得したものであっても、農用地等を取得した場合の課税の特例による圧縮記帳の対象とすることができます。

したがって、下記の例のように交付通知に先立って取得した農用地や農業用機械・施設等についても、圧縮記帳の対象となります。

例）
8月1日	農機購入
同年12月5日	交付通知
同年12月末日	決算処理（圧縮記帳・減価償却）

Q11 中古の機械等も圧縮記帳の対象になりますか。

農用地等を取得した場合の課税の特例による圧縮記帳の対象となる農業用固定資産は、「その製作若しくは建設の後事業の用に供されたことのない農業用の機械その他の減価償却資産」（租税措置特別措置法第24条の3第1項）と規定されていることから、中古の機械等は対象にならず、新品に限定されます。

中古の農業機械等は、新品と比べて廉価であり、耐用年数が短いため、特例措置を講ずる必要性が乏しいことから、本制度の対象外とされています。

Q12 認定計画に明記した機械の種類と実際に農業経営基盤強化準備金を取り崩して購入する機械の種類が異なる場合は、どのようにすればいいですか。

農用地等を取得した場合の課税の特例により取得する農業用固定資産は、農業経営改善計画等の定めるところに従って行うものであることから、農業用機械・施設等については、農業経営改善計画等の種別欄や農業用機械等の名称欄に記載してあるもので、記載されている数量の範囲内のものとなります。

認定農業者制度の見直しが行われ、農業経営改善計画の様式が改訂されましたが、旧様式では「型式、性能、規模等及びその台数」欄があり、型式、性能、規模等を記載する必要がありました。新様式では数量のみ記載すれば良く、型式、性能、規模等は記載する必要がありません。種別や名称だけでなく、型式、性能を記載した場合、それと異なるものを取得したときに「農用地等を取得した場合の証明書」が発行されないことがありますので注意が必要です。

一方、さらなる農業経営基盤の強化を図るため、農業経営改善計画等に記載されている農業用機械・施設等と大幅に異なるものや新たなものを取得しようとする場合には、これらを記載するために農業経営改善計画等を変更する必要があります。

表 6-1. 農林業用減価償却資産の耐用年数 ※現在は適用されません。

種類	細目	耐用年数
主としてコンクリート造、れんが造、石造又はブロック造の構築物	果実又はホップだな、斜降索道設備及び牧さく（電気牧さくを含む。）その他のもの	17
		20
主として金属製の構築物	斜降索道設備	13
	その他のもの	15
主として木造の構築物		5
土管を主とした構築物		10
その他の構築物		8
電動機		10
内燃機関、ボイラー及びポンプ		8
トラクター	走行型トラクター	5
	その他のもの	8
耕うん整地用機具		5
耕土造成改良用機具		5
栽培管理用機具		5
防除用機具		5
穀類収穫調製用機具	自脱型コンバイン、刈取機(ウインドロウアーを除くものとし、バインダーを含む。)、稲わら収集機(自走式のものを除く。)及びわら処理カッター	5
	その他のもの	8

飼料作物収穫調製用機具	モーア、ヘーコンディショナー(自走式のものを除く。)、ヘーレーキ、ヘーテッダー、ヘーテッダーレーキ、フォレージハーベスター(自走式のものを除く。)、ヘーベーラー(自走式のものを除く。)、ヘープレス、ヘーローダー、ヘードライナー(連続式のものを除く。)ヘーエレベーター、フォレージブロアー、サイレージディストリビューター、サイレージアンローダー及び飼料細断機	5
	その他のもの	8
果樹、野菜又は花き収穫調整用機具	野菜洗浄機、清浄機及び掘取機	5
	その他のもの	8
その他の農作物収穫調製用機具	い苗分割機、い草刈取機、い草選別機、い割機、粒選機、収穫機、掘取機、つる切機及び茶摘機	5
	その他のもの	8
農産物処理加工用機具(精米又は精麦機を除く。)	花筵織機及び畳表織機	5
	その他のもの	8
家畜飼養管理用機具	自動給じ機、自動給水機、搾乳機、牛乳冷却機、ふ卵機、保温機、蓄衝機、牛乳成分検定用機具、人口授精用機具、育成機、育すう機、ケージ、電牧器、カウトレーナー、マット、畜舎清掃機、ふん尿散布機、ふん尿乾燥機及びふん焼却機	5
	その他のもの	8
養蚕用器具	条桑刈取機、簡易保温用暖房機、天幕及び回転まぶし	5
	その他のもの	8
運搬用器具		4
造林又は伐木用器具	自動穴掘機、自動伐木機及び動力刈払機	3
	その他	6
その他の器具	きのこ栽培用ほだ木	
	生しいたけ栽培用のもの	2
	その他のもの	4
	乾燥用バーナー	5
	その他のもの	
	主として金属製のもの	10
	その他のもの	5

Q13 園芸用ハウスは圧縮記帳の対象固定資産になりますか。

園芸用ハウスは、原則として圧縮記帳の対象となる農業用固定資産に該当します。ただし、園芸用ハウスが建物に該当する場合には、農業振興地域制度による農用地利用計画において農用地区域(いわゆる「農振青地」)

の区域内にある「農業用施設用地」として用途が指定された土地に建設される農業の用に直接供される農業用施設を構成する建物に限定されます。なお、以前は、園芸用ハウスが、建物に該当する場合には対象となりませんでしたが、平成27年度税制改正により、平成27年4月以降に取得した建物についても対象に加えられました。

ガラス温室などの園芸用ハウスは、一般に構築物として取り扱われます。したがって、骨格材が金属製の場合、減価償却資産の耐用年数等に関する省令別表第1「機械及び装置以外の有形減価償却資産の耐用年数表」の「構築物」「農林業用のもの」「主として金属造のもの」を適用して耐用年数は14年になります。

ただし、家屋として固定資産税が賦課されるものは建物として取り扱われます。この場合、鉄骨の肉厚が4mmを超えるときは、別表第1「機械及び装置以外の有形減価償却資産の耐用年数表」の「建物」「金属造のもの（骨格材の肉厚が4mmを超えるものに限る。）」「工場（作業場を含む。）用又は倉庫用のもの」「その他のもの」「その他のもの」を適用して耐用年数は31年になります。

一方、ビニールハウス（パイプハウス）は、一般に移設可能であるので、器具備品として取り扱われます。

なお、温室のほか恒温装置やボイラー、給排水ポンプ等の栽培機具を一括して減価償却費の計算を行う場合は、機械装置として別表第2の「農業用設備」の耐用年数7年を適用します。

Q14 農業用倉庫や組合事務所は対象固定資産になりますか。

農業用倉庫が農産物貯蔵施設または種苗貯蔵施設、農機具収納施設、農業生産資材貯蔵施設に該当する場合は、農業振興地域制度による農用地利用計画において農用地区域内にある「農業用施設用地」として用途が指定された土地に建設される農業の用に直接供される農業用施設を構成する建物であれば対象となります。

一方、組合事務所は農業の用に直接供される農業用施設とはいえないため、圧縮記帳の対象となりません。

Q15 制度資金による借入れで取得した農業用機械を農業経営基盤強化準備金制度による圧縮記帳の対象とすることができますか。

農業経営基盤強化準備金を取り崩して圧縮記帳した場合、法人税申告書に「農用地等を取得した場合の証明書」を添付します。この証明書の交付申請は、農林水産省の出先機関である農政局等に対して行います。この際、取得原資に借入金を充てたことが明らかな場合、証明書が交付されないことがありますので注意が必要です。実際に、機械等の導入に対する融資残補助を行う「融資主体型補助事業」による取得資産で証明書が発行されなかった事例があります。

この証明書は、①交付金をもって直接に圧縮記帳をした場合にその交付金が農業経営基盤強化準備金として積み立てられなかった金額であること、②圧縮記帳をした農用地等が農業経営改善計画等の定めるところにより取得等したものであること、を証明するもので、農用地等の取得原資を証明するものではありません。ところが、借入れをして取得することは制度の趣旨に添わないと考えているようです。

しかし、圧縮資産の取得原資に法令上の制限はなく、負債勘定または純資産勘定として計上された農業経営基盤強化準備金を取り崩す経理処理をすれば良いことになっています。また、租税特別措置法第61条の3では「所有権移転外リース取引によるもの（中略）を除く。」としており、所有権移転外リース取引を除外する一方で所有権移転リース取引は除外していません。また、リースなら良いが借入れはダメだという理由は考えられません。しかしながら、証明書が交付されないことには圧縮記帳ができませんので、交付申請に当たっては慎重な対応が必要です。

Q16 補助金で取得した農業用機械を農業経営基盤強化準備金制度による圧縮記帳の対象とすることができますか。

補助金で取得した農業用機械を準備金制度による圧縮記帳の対象とすることは可能であり、税務上の問題はありません。制度資金の場合、制度資金による借入れで取得した農業用機械を農業経営基盤強化準備金制度によって圧縮記帳をした場合、形式的には準備金と融資が重複することになります。しかしながら、補助金の場合には、準備金と補助金が重複することはありえません。補助金で取得した農業用機械は、まず、その補助金で圧縮記帳します。なぜなら、補助残の自己資金部分しか準備金制度による圧縮記帳をすることができないからです。このため、補助金で取得した農業用機械の補助残部分について準備金制度による圧縮記帳することは問題ありません。

Q17 農地所有適格法人が借地における作業効率を高めるためコンクリート等の畦を取り払って田の区画を広くするため、工事費負担金を支払いましたが、支払った事業年度に一括して損金とすることができますか。借地権として資産計上しなければならない場合、農業経営基盤強化準備金制度による圧縮記帳の対象とすることができますか。

この場合の工事負担金については、賃借した土地の改良のための整地に要した費用の額であるため、原則として借地権の取得価額になります。ただし、利用単位である圃場の区画で判定し、1単位当たり20万円未満であれば修繕費として損金算入（必要経費算入）できると考えられます。

借地権として資産計上した場合、借地権は農業経営基盤強化準備金制度による圧縮記帳（農用地等を取得した場合の課税の特例）の対象となりますので、畦畔の除去工事を農業経営改善計画に記載していれば、準備金を取り崩すか、直接、その事業年度（年）に受領した対象交付金をもって圧縮記帳することができます。

(4) 準備金の積立て・取崩し

Q18 農業経営基盤強化準備金は、いくらまで積み立てることができますか。

その事業年度（年）の積立限度額は、次のいずれか少ない金額です。

① 事業年度（年）に受領した対象交付金等の額のうち、農業経営改善計画等に記載された農業用固定資産の取得に充てるために積み立てようとする金額

② 事業年度（年）における所得（事業所得）の金額［所得基準額］

なお、令和３年４月以後開始事業年度（個人は令和４年分）から、積立て後５年を経過した期限切れの農業経営基盤強化準備金の取崩しによる益金算入額は、積立限度額の計算において②の所得基準額を構成しない（含まない）ものとして計算します。

ただし、農業経営基盤強化準備金の積立てには、確定申告書類に「農業経営基盤強化準備金に関する証明書」を添付する必要があり、積立額の累計額が計画的に取得する農業用固定資産の総額を超える場合は、証明書が交付されませんので、それを超えて積み立てることはできません。

Q19 取崩額を収入金額に組み入れる場合は、いつのものから組み入れるのですか。その場合の経費算入額はどの程度ですか。たとえば、毎年の所得が 200 万円で、取得のための準備金取崩額が 1,000 万円の場合 200 万円しか経費にできないのですか。

積立て時期の古いものから順次、収入金額（益金）に算入することとなります。上記例では、取崩額が収入金額に加算されるので、農業経営基盤強化準備金取崩後のその年の所得金額は1,200 万円となります。このため、事業年度（年）において交付を受けた対象交付金等がかりにゼロであっても、固定資産の取得価額の範囲内で準備金取崩額の 1,000 万円までは必要経費（損金）に算入することができます。

また、事業年度（年）において交付を受けた対象交付金等の額がある場合には、準備金取崩額と受領した交付金等の額の合計額を固定資産の取得価額の範囲内、かつ、所得金額の 1,200 万円までは必要経費（損金）に算入することができます。

Q20 12月決算の法人を令和3年度の当初に3月決算に事業年度を変更しました。この場合、平成28年12月期に積み立てした農業経営基盤強化準備金は、いつまで積み立てておくことができますか。

平成28年12月期に積み立てた農業経営基盤強化準備金について、積み立てられた事業年度終了の日の翌日が平成29年1月1日になり、その5年を経過した日が令和4年1月1日になります。

したがって、今後、事業年度を変更しない限り、令和4年1月1日を含む、令和3年4月1日から令和4年3月31日までの事業年度の所得の金額の計算上、益金の額に算入することになります。すなわち、平成28年12月期に積み立てた農業経営基盤強化準備金は、令和4年3月期まで積み立てておくことができます。

(5) 適用手続

Q21 この制度の適用を受けるには、どのような手続きが必要ですか。

この制度の適用を受けるためには、青色申告をする必要があります。青色申告の手続については、提出期限までに「青色申告承認申請書」を納税地の税務署に提出し、その事業年度開始の日以降の取引について、一定の方法で記帳しておくことが必要です。

青色申告承認申請書の提出期限は、次のとおりです。

(1) 個人の場合

個人の場合の提出期限は、青色申告をしようとする年の3月15日までです。ただし、その年の1月16日以後、新たに事業を開始した場合には、開業の日から2か月以内になります。

(2) 法人の場合

設立第1期目については、設立の日以後3か月を経過した日と設立第1期の事業年度終了の日とのうちいずれか早い日の前日までです。第2期目以降については、青色申告をしようとする事業年度開始の日の前日までとなります。ただし、設立第1期が3か月未満の場合、第2期の提出期限は、設立の日以後3か月を経過した日と第2期の事業年度終了の日とのうちいずれか早い日の前日までとなります。

平成24年分（24年度）の所得について青色申告をしない方も、個人は平成25年3月15日までに（法人は平成25年度開始の日の前日までに）「青色申告承認申請書」を税務署に提出し、一定の方法で記帳することで、平成25年分（25年度）の所得から青色申告をすることができます。

なお、一定の方法で記帳とは、貸借対照表と損益計算書を作成することができるような正規の簿記による記帳が原則です。ただし、個人の場合、現金出納帳、売掛帳、買掛帳等を備え付けて簡易な記帳をするだけでもよいこととなっています。

また、青色申告による確定申告書には、

(1) 準備金の積立時においては、農業経営改善計画等に記載された農業用固定資産の取得に充てるために積み立てる金額

(2) 農業用固定資産の取得時においては、受領した交付金等のうち農業用固定資産の取得に充てた金額及び農業経営改善計画等に従って農業用固定資産を取得したこと

について証明された農林水産大臣の証明書を添付することとなっています。

したがって、特例の適用を受けようとする年（事業年度）終了後確定申告を行う前までに、農林水産大臣の証明書の交付を受ける必要があります。

Q22 証明申請書（別記様式第1号）に記載する「農用地の取得に充てるための金額」は、剰余金処分計算書の農業経営基盤強化準備金積立額と一致しないといけませんか。

別記様式第1号の「2. 認定計画又は認定計画等に記載された農用地等の取得に充てるための金額」欄には、準備金として積み立てようとする金額を記載します。この金額は、交付金受領額の範囲内であればよく、農事組合法人の「剰余金処分計算書」（剰余金処分案）における農業経営基盤強化準備金積立額と一致している必要はありません。

農業経営基盤強化準備金の積立てについては、損金経理引当金方式と剰

余金処分経理積立金方式とがあります。農事組合法人が剰余金処分経理積立金方式によって経理する場合、決算承認の総会、すなわち、決算確定の前の段階では、準備金積立額が変わる可能性があります。かりに、別記様式第１号の「農用地等の取得に充てるための金額」に剰余金処分計算書記載の農業経営基盤強化準備金積立額と同額を記入しなければならないとすると、総会終了後でないと証明申請書を提出できないことになります。したがって、その場合には証明書の交付から確定申告までのスケジュールに無理が生ずることになり、農業経営基盤強化準備金の活用を阻害することになります。

(6) 法人税申告書の記載

Q23　法人税申告書別表 12（14）のⅠの３「交付金等の額」の記載金額は、交付通知書の金額の合計額を記載するのですか、それとも証明書の金額を記載するのですか。

証明書の金額ではなく、交付通知書の金額の合計を記載します。

農業経営基盤強化準備金の損金算入及び認定計画等に定めるところに従い取得した農用地等の圧縮額の損金算入に関する明細書

事業年度又は連結事業年度	・　・ ・　・	法人名	（　　）

別表十二(十四)　令三・四・一以後終了事業年度又は連結事業年

Ⅰ　農業経営基盤強化準備金の損金算入に関する明細書

		番号	金額
認定計画等の種類		1	
交付金等の該当号		2	第　　号
交付金等の額		3	円
当期積立額		4	
(4)の内訳	(4)のうち損金経理による積立額	5	
	(4)のうち剰余金の処分による積立額	6	
積立限度額の計算	(3)のうち準備金として積み立てられた交付金等の額	7	
	所得基準額 (別表四「41の①」－(12)－別表四「27の①」)又は(別表四の二付表「48の①」－(12)－別表四の二付表「35の①」)	8	
	積立限度額 ((7)と(8)のうち少ない金額)	9	
当期積立額のうち損金算入額 ((4)と(9)のうち少ない金額)		10	

			番号	金額
翌期繰越額の計算	期首農業経営基盤強化準備金の金額		11	円
	当期益金算入額	5年を経過した場合の益金算入額 (25の計)	12	
		同上以外の場合による益金算入額 (26の計)＋(27の計)	13	
		計 (12)＋(13)	14	
	当期積立額のうち損金算入額 (10)		15	
	期末農業経営基盤強化準備金の金額 (11)－(14)＋(15)		16	
貸借対照表の金額との差額の明細	貸借対照表に計上されている農業経営基盤強化準備金		17	
	差引 (17)－(16)		18	
	当期分	貸借対照表の取崩不足額 (14)－((4)－((17)－前期の(17)))	19	
		積立限度超過額 (4)－(9)	20	
		当期に生じた差額の合計額 (19)＋(20)	21	
	前期分以前	前期末における差額 (前期の(18))	22	

Q24 前年度から繰り越された青色欠損金がある場合、積立限度額の所得基準額（法人税申告書別表12（14）のⅠの8）は、欠損金の当期控除額を控除する前の所得金額を記載するのですか、それとも控除した後の金額を記載するのですか。

前年度から繰り越された青色欠損金がある場合、所得基準額には、欠損金の当期控除額を控除した後の所得金額を記載します。

この点については、制度創設時の一般的な解釈と異なる見解が国税庁から示されました。当初、所得基準額とは、原則として法人税申告書別表四における「寄附金の損金不算入額」(27) を加算する前の「仮計」(25) の金額を指し、前年度から繰り越された青色欠損金は考慮しないと説明されていました。これは、所得基準額は「当該事業年度において支出した寄附金の額の全額を損金の額に算入して計算した場合の当該事業年度の所得の金額とする。」（租税特別措置法施行令第37条の2）とされているからです。しかしながら、「欠損金額に相当する金額は、当該各事業年度の所得の金額の計算上、損金の額に算入する」(法人税法第57条第1項)とされ、租税特別措置法の条文からも所得基準額が欠損金の当期控除額を控除する前の所得の金額とは読み取れない、という見解となりました。

その後、平成24年度税制改正（平成24年3月改正）により、租税特別措置法施行令が改正され、法令により、農業経営基盤強化準備金制度（措令37の2②）における損金算入限度額である当期の所得の金額は、欠損金額控除後の所得の金額を基礎として計算することが明確化されました。これは、平成23年度税制改正における法人税法改正により、欠損金の控除限度額が欠損金額控除前の所得の金額の80％相当額とされたことを踏まえ、準備金等の制度における損金算入限度額としてその事業年度の所得の金額を計算する場合には、法人税法第57条第1項（青色申告書を提出した事業年度の欠損金の繰越し）、第58条第1項（青色申告書を提出しなかった事業年度の災害による損失金の繰越し）及び第59条第2項（会社更生等による債務免除等があった場合の欠損金の損金算入）の規定の適用については、所要の読替えを行うこととされたことによるものです。これに合わせて法人税申告書別表四の様式も改定されました。

租税特別措置法施行令　第37条の2（農業経営基盤強化準備金）

1　（略）
2　法第六十一条の二第一項第二号に規定する政令で定めるところにより計算した金額は、同項及び法第六十一条の三の規定を適用せず、かつ、当該事業年度において支出した寄附金の額の全額を損金の額に算入して計算した場合の当該事業年度の所得の金額とする。この場合において、法人税法第五十七条第一項、第五十八条第一項及び第五十九条第二項の規定の適用については、同法第五十七条第一項及び第五十八条第一項中「譲渡）の規定」とあるのは「譲渡）並びに租税特別措置法第六十一条の二第一項（農業経営基盤強化準備金）の規定」と、同法第五十九条第二項中「譲渡)」とあるのは「譲渡）並びに租税特別措置法第六十一条の二第一項（農業経営基盤強化準備金)」と、「）の規定」とあるのは「並びに同法第六十一条の二第一項）の規定」とする。
（以下略）

注．下線部が改正による追加部分である。

(7) 準備金の効果

Q25　農業経営基盤強化準備金によって帳簿価額が1円になるまで圧縮記帳した農業用機械は減価償却ができなくなりますので、圧縮記帳をしても減価償却をしても効果は変わらないのではないでしょうか。とくに、規模拡大をして収益が増えていく見込みであれば、準備金による圧縮記帳をしないで、将来において通常の減価償却をした方がよいのではないでしょうか。

農業経営基盤強化準備金の積立て及び圧縮記帳は、非課税ではなく課税の繰延べに過ぎません。しかしながら、本来、負担しなければならない税額が、準備金の積立てや圧縮記帳によって先送りされることにより、その分の資金を設備投資などに充てることができ、経営の発展のスピードを速めることができます。また、設備投資や運転資金のために借金をしなければならない場合、準備金の積立てや圧縮記帳によって税額の負担が減った分だけ借入金を少なくすることができ、金利負担が軽減されることになります。このため、準備金の積立てが有効なのは、収益が先細りになると見込まれる場合にのみではなく、一般的な場合であってもメリットがあると考えます。また、農地のような非減価償却資産を取得した場合には、資産を売却しない限り、半永久的に課税が繰り延べられます。

ただし、個人農業者の場合は、累進税率によっているため、たとえば10年間の所得の合計が同じであっても、年々所得が増額して適用される税率が変わるより、同程度で推移して同一の税率が適用される方が税負担は軽くなります。このため、規模拡大によって将来の利益（所得）が増える場合において、特定農業用機械等を取得する予定の年以後の各年において適用される税率が現在よりも上がると予想されるときは、準備金を積み立てない方が有利になることもあります。また、個人農業者の場合には、青色申告特別控除や各種の所得控除があるため、準備金を積み立てる場合であっても、積立限度額いっぱい準備金を積み立てるのではなく、控除の合計額の分を残して積み立てた方が得策です。

3）広域連携法人と農業経営基盤強化準備金

Q1　機械施設の共同購入を行う広域連携法人で農業経営基盤強化準備金制度を活用するにはどうしたらよいでしょうか。

広域連携法人で農業経営基盤強化準備金制度の適用を受けるには、広域連携法人で水田活用の直接支払交付金など準備金の対象となる交付金を受領する必要があります。そのためには、機械の共同利用や農作業受託だけでなく、広域連携法人で農地の利用権設定を受けて農産物を生産することが前提になります。

具体的な方法としては、転作作物の一部を広域連携法人で栽培することとし、そのための農地を農地中間管理機構から広域連携法人に再配分することが考えられます。

Q2　法人間連携で機械・施設の共同利用を行う場合、参加する農事組合法人が積み立てた農業経営基盤強化準備金はどうしたらよいでしょうか。

法人間連携において、個々の集落営農法人で積み立てた農業経営基盤強化準備金があれば、これを取り崩して農業機械・施設を取得して圧縮記帳したうえで、広域連携法人で活用することになります。

広域の農業法人で必要となる農業機械・施設について、広域の農業機械・施設整備計画を策定し、その計画に基づいて個々の集落営農法人が農業機械等を購入します。ただし、農業経営基盤強化準備金をもって農業機械等を取得する場合、農業経営改善計画への記載が条件となるため、事前に個々の集落営農法人において農業経営改善計画の変更手続きを行う必要があります。

なお、農事組合法人は、組合員に持分を払い戻して非出資農事組合法人に移行した後に一般社団法人に組織変更することができます。そのうえで、一般社団法人が保有する農業機械・施設等を、必要に応じて広域の農業法人に有償譲渡すると売却益に対する法人税等の負担が生じません。非営利型法人の一般社団法人の場合、農業機械・施設の譲渡について譲渡益が生じても法人税は課税されず、収益事業を営まなければ法人税の申告も不要になります。

3 農事組合法人制度

1）農事組合法人が行える事業の範囲

Q1 農業経営を行う農事組合法人が農機具格納庫や畜舎の屋根に設置した太陽光発電パネルによる売電は全量売電であっても附帯事業として行うことができますか。

農業経営を行う農事組合法人が農機具格納庫や畜舎の屋根に設置した太陽光発電パネルによる売電は全量売電であっても農業経営に附帯事業として行うことができます。

農業協同組合法により、農業経営を行う農事組合法人として行えるのは、農業経営のほか農作業の受託などの関連事業と附帯事業に限定されています。農事組合法人の附帯事業として、全量売電による太陽光発電は行えないのが原則です。ただし、条件を満たせば例外として附帯事業として行えます。この場合の具体的な条件としては、①小規模であること、②本来の事業に附帯すること、③本来の事業運営の妨げにならないこと、の３点です。

Q2 農事組合法人が行政から除雪作業や除草作業を受託することができますか。

農事組合法人が行政から除雪作業を受託することは基本的にはできません。農林水産省のパンフレットにおいて、農事組合法人の事業として認められないものとして「冬場に大規模に地域の除雪作業を受託するもの」が例示されています。ただし、農事組合法人が農作業で使用するトラクターに除雪用アタッチメントを取り付けて行うような小規模の除雪作業であれば付帯事業として行うことができます。

一方、農事組合法人が行政から除草作業を受託できるかどうかは、その内容によります。畦畔の除草作業であれば「農作業の受託」として行うことができますが、道路脇や堤防、河川敷などの除草作業は農作業ではありませんので基本的には行うことができません。ただし、農事組合法人が畦畔の除草作業などの農作業で使用する草刈機を用いて行う場合には、附帯事業として行うことができます。

Q3 農事組合法人が他の農事組合法人から会計事務を受託することができますか。

会計事務の受託については、農作業の受託に該当せず、また、附帯事業とも言えないため、農事組合法人として行うことはできません。

Q4　ある農事組合法人（A 法人）では組合員の高齢化により、農業従事者が減少傾向にあり、農繁期の農作業を組合員のみで行うことが難しい状況です。このため、近隣の農事組合法人（B 法人）に応援を頼みたいと考えています。この場合、A 法人がその作業委託費としてB 法人に支払い、B 法人では作業受託収入で受け入れてA 法人の作業に従事したB 法人の組合員に従事分量配当として支払っても問題ないでしょうか。

農事組合法人が他の農事組合法人から農作業を受託し、これを作業受託収入として収益に計上する一方で、従事した組合員に従事分量配当として支払っても問題ありません。

農業の経営を行う農事組合法人は、農業に関連する事業として農作業の受託を行うことができます（農協法 72 の 10、同施行規則 215）。この場合、受託した農作業を行う地域が農事組合法人の定款で定める地区の範囲内である必要はありません。農事組合法人の定款で定める地区は、組合員資格と関連するもので、必ずしも農事組合法人の事業活動を行う地域を示すものではありません。

従事分量配当の対象となる剰余金は、農業の経営により生じた剰余金から成る部分の分配に限られますが（法基通 14 − 2 − 2）、農業の経営には農作業の受託など農業に関連する事業を含むこととなっていますので、農作業の受託による収益から生じた剰余金を対象として従事分量配当を行うことができます。

今後、農事組合法人どうしの連携が恒常的なものになるのであれば、①農事組合法人どうしの合併、②集落営農法人の広域連携、などを検討する必要があります。②の広域連携の方法では、新設する 2 階の広域連携法人（株式会社）がオペレータを雇用して水田転作などを中心に担い、1 階の集落営農法人（農事組合法人）が自家飯米の生産と 2 階からの農作業受託を行うことが考えられます。農作業を受託する農事組合法人（またはこれを組織変更した一般社団法人）が簡易課税制度を選択したうえで広域連携法人に対して農作業受託料のインボイスを発行する一方で、構成員には給与を支払うことで、消費税のインボイス制度への対策にもなります。

2）従事分量配当

(1) 従事分量配当の性格

Q1 従事分量配当とは何ですか。

従事分量配当とは、農事組合法人など生産組合である協同組合等がその組合員に対しその者がその事業年度中にその協同組合等の事業に従事した程度に応じて分配する金額をいいます。農作業の役務の提供の反対給付として支払うものとして税務上、法人税では損金算入、消費税では課税仕入れとして取り扱われますが、農業協同組合法（以下「農協法」という。）においては剰余金の分配（配当）の一種です。このため、剰余金がない場合は、従事分量配当を支払うことができません。

また、従事分量配当は、一般に農作業に従事した時間に応じて支払われるものと考えられていることから、作業日報などにより農作業の時間等を継続的に記録することが必要となります。

Q2 従事分量配当を仮払いした場合、給与とみなされることはないのですか。また、仮払いだけでなく、剰余金処分において追加払いすることはできますか。

従事分量配当については、その事業に従事する組合員に対し、その事業年度においてその事業年度分に係る従事分量配当の見合いの金額を支給し、仮払金として経理することができます。この場合、その仮払金として経理した金額が給与として支給されたものとみなされることはありません。

また、仮払金に追加して従事分量配当を支払うこともできます。この場合、仮払金だけでなく追加払いした分も含めて従事分量配当として法人税では損金算入、消費税では課税仕入れとすることができます。なお、この場合、経営分析においては、仮払金相当額を労務費相当額とし、追加払い相当額は利益とみなす方法が考えられます。

(2) 役員報酬との関係

Q3 農事組合法人の役員報酬について、年末に一括払いすることができますか。

役員報酬は、予め支給金額を決めておくことによって、定期同額給与または事前確定届出給与として、その役員報酬を損金算入することができます。定期同額給与とは、その支給時期が1か月以下の一定の期間ごとである給与で、その事業年度の各支給時期における支給額が同額であるものをいいます。

一方、年末支払いなど年1回支給する役員給与（報酬）は、事前確定届出給与として損金算入することができます。事前確定届出給与とは、事前に所轄税務署長にその定めの内容に関する届出をしているものをいいますが、農事組合法人など同族会社以外の法人が、定期給与を支給しない役員に対して支給する給与については、その届出をする必要がなく、届出をしなくても「事前確定届出給与」として取り扱われます。

なお、事前確定届出給与は、その役員の職務の執行を開始する日までに「所定の時期に確定額を支給する旨の定め」が定められているものに限られますので、職務執行期間開始前に支給金額などが定められていないものは、事前確定届出給与に該当せず、損金の額に算入されません。したがって、年末支払いの役員報酬が年1回の支給であっても、作業賃金相当額として労働時間に応じた支給をしている場合には、事前確定届出給与とは認められません。

Q4 農事組合法人の役員について、役員報酬と従事分量配当の両方を同一の役員に対して支払うことができますか。

農事組合法人が役員である組合員に対し給与を支給しても、そのことをもって協同組合等に該当しなくなることはありませんので、給与を支給している役員である組合員への従事分量配当についても損金算入が認められます。したがって、同一の役員に役員報酬と従事分量配当を併給しても、原則として損金算入が認められることになります。

具体的には、農業現場の労働に対する作業賃金相当額をすべて従事分量配当として処理し、役員としての経営管理活動に対する一般管理費相当額の役員報酬を定期同額給与または事前確定届出給与として処理することになります。

(3) 従事分量配当の対象となる作業等

Q5 従事分量配当を面積に応じて支払うことはできますか。

従事分量配当における「従事の程度」とは、一般に農作業に従事した時間と考えられていますが、畦畔の草刈のように従事した時間を管理することが難しい農作業については、従事した面積（水田面積）に応じて支払うことも認められると考えられます。ただし、従事した面積ではなく、農事組合法人に利用権設定した面積など、農地を提供した面積に応じて支払うことは、従事した程度に応じた分配とはなりません。

なお、従事した面積に応じて支払う場合、従事分量配当としてではなく、作業委託料として支払う方法もあります。

Q6 経理等の事務や経営計画・作付計画の作成の作業に対して従事分量配当を支払うことができますか。

農業の経営の事業とは、単なる農作業のみを指すものではなく、その経理事務に専念する者があっても、これも農業の経営に従事する者と解されます。このため、現場における生産活動だけでなく、経理等の事務や経営計画・作付計画の作成、作業分担指示も農業経営の事業の範囲であり、その事業に従事した組合員に従事分量配当を支払うことができます。

Q7 役員の会議参加等に対する報酬を従事分量配当として支払うことができますか。

その役員に対して役員報酬を支払っていない場合には問題ありません。ただし、役員報酬を支給している役員に対して、外部の会議への参加など役員としての活動を対象として従事分量配当を支払うことは、避けた方が無難です。当事者としては、定期同額の役員報酬とは別に、会議への参加部分について従事分量配当を支払っていると主張しても、税務署に認めてもらえない可能性があるからです。なお、役員である組合員に役員報酬と従事分量配当を併給することができますが、同じ作業に対して、役員報酬と従事分量配当を二重に支払うことはできません。

たとえば、定期同額給与を支払っている農事組合法人において、利益の多く出た事業年度にだけ外部の会議への参加などにも従事分量配当を支払うこととした場合、実質的に役員報酬を増やすことによって法人の利益を調整することができてしまうことになります。そのことは、定期同額給与を役員給与の損金算入の要件としている法人税法の趣旨を逸脱することになるからです。

なお、実際の圃場での作業は、役員としての活動には当たらないため、これを対象として役員に従事分量配当を支払うことは問題ありません。

(4) 従事分量配当の対象となる剰余金

Q8 畑作物の直接支払交付金だけでなく、水田活用の直接支払交付金や米の直接支払交付金も従事分量配当の対象となりますか。

水田活用の直接支払交付金や米の直接支払交付金、中山間地域等直接支払交付金も従事分量配当の対象となり、これらの交付金を原資とする従事分量配当は、法人の所得の金額の計算上、損金算入されます。

農事組合法人の従事分量配当は、給料等を支給しない生産組合である協同組合等を共同事業体とみてその組合員である個人の所得税の課税上事業所得または山林所得として取り扱うこととの関連から、協同組合等の所得の金額の計算上、損金の額に算入するものです。このため、従事分量配当は、農業経営により生じた剰余金から成る部分の分配に限られます（注）。

たとえば、固定資産の処分等により生じた剰余金は、組合員である個人の所得税の課税上譲渡所得となるため、農業経営により生じた剰余金に該当せず、従事分量配当の対象となる剰余金にはなりません。

（注）法人税基本通達 14－2－2

これに対して、補助金等であっても経営所得安定対策の交付金については、一定の作物を生産するなど農業経営を行うことを要件として交付されるものであり、組合員である個人の所得税の課税上事業所得（農業所得）として取り扱われるものですから、交付金は農業経営によって得られた収入に該当します。経営所得安定対策の交付金だけでなく、水田・畑作経営所得安定対策の交付金や環境保全型農業直接支援対策の交付金、中山間地域等直接支払交付金についても同様に農業経営を行うことを要件として交付されるものですので、これらの交付金を原資とする従事分量配当は、法人の所得の金額の計算上、損金算入されます。

水田活用の直接支払交付金や米の直接支払交付金は、農産物の販売によって実現する収益ではないため、損益計算書上、「営業収益」ではなく、「営業外収益」の区分に表示するのが一般的です。また、収入減少影響緩和交付金は、臨時損益としての性格を持つため、損益計算書上、「特別利益」の区分に表示するのが一般的です。このため、「営業外収益」または「特別利益」に区分される固定資産の処分等により生じた剰余金と同様に、これらの交付金を受領したことにより生じた剰余金も従事分量配当の対象としないとの解釈をする向きがあります。しかしながら、あくまでも、従事分量配当の対象となるかどうかは、農業経営から生じたものであるか否かによって判断するものであり、損益計算書における区分により判断するものではありません。

また、公益法人における収益事業への課税においても、固定資産の取得に充てるために交付を受ける補助金等の額は収益事業に係る益金になりませんが、収益事業に係る収入または経費を補填するために交付を受ける補助金等の額は収益事業に係る益金として取り扱われています。このように、公益法人における収益事業への課税においては、補助金等であってもその交付目的によって課税上の取扱いが異なります。従事分量配当の対象となる補助金等の範囲についても同様に区分することができ、農業収入を補填するものは従事分量配当の対象となると考えられます。

なお、国税庁ホームページの質疑応答事例「事業分量配当の対象となる剰余金」で、事業分量配当の対象となる剰余金は事業分量配当を行う事業の当期利益の額（経常利益の額）であるとしています。事業分量配当は、組合員との取引により生じた剰余金に限られますが、組合員との取引により生じた剰余金は、営業利益に含まれるからです。しかしながら、これは従事分量配当ではなく、事業分量配当（利用分量配当）の対象となる剰余金の範囲を示したもので、従事分量配当の取扱いとは基本的に関係ありません。

(5) 組合員における従事分量配当の取扱い

Q9 従事分量配当は、受け取った組合員の側での課税はどうなりますか。

従事分量配当は、組合員にとって事業所得の収入金額となります。従事分量配当は、従事した日の属する年分ではなく、総会で剰余金処分を決議した日の属する年分の事業所得の収入金額とするのが原則です。ただし、事業年度の中途で従事分量配当を仮払いしている場合、仮払いした金額を仮払いした日の属する年分の農業所得とする方法も実務では広く一般に行われており、毎年継続して適用することを条件に認められるものと考えます。

ところで、農業所得とは、原則として圃場作物の栽培を行う事業であり、農業所得のある者が受け取る従事分量配当や請負契約に基づく農作業委託料、委任契約に基づく圃場管理料は農業の遂行に付随して生じた収入として農業所得の総収入金額（雑収入）となります。

これに対して、農業所得のない者が受け取る従事分量配当などは、厳密に言えば農業以外の事業所得（営業等所得）に該当しますが、これらの所得が少額（個人事業税の事業主控除の290万円以下）である場合には、農業所得用の青色申告決算書（収支内訳書）により申告しても差し支えないと考えます。

一方、消費税について、従事分量配当は消費税の課税売上げとなります。ただし、組合員が免税事業者の場合には、実際の納税負担はありません。

Q10 従事分量配当について源泉徴収は必要ですか。

源泉徴収の対象とされている所得は、配当所得に該当する配当等や給与所得に該当する給与等などです（所法181①、183）。法人から受ける剰余金の分配は、原則として配当所得になりますが、配当所得となるのは出資に係るものに限られます（所法24）。従事分量配当は、受け取った組合員にとって事業（農業）所得となりますので、源泉徴収をする必要はありません。

Q11 従事分量配当の損金算入が否認された場合にはどうなりますか。

農事組合法人が組合員（役員または事務に従事する組合員を除く。）に対し給与を支給した場合には、普通法人として取り扱われます。この場合、協同組合等に該当しないことになりますので、その場合の従事分量配当は損金算入が認められないことになります。また、農業経営から生じたものでない剰余金を対象として従事分量配当を行っても、その部分の従事分量配当について損金算入が認められません。

一方、その場合の組合員の所得計算上は、従事分量配当相当額が農業所得ではなく「配当所得」として扱われます。配当所得として取り扱われた場合、組合員にとっては、青色申告特別控除（最高年65万円）が適用されない一方で、配当控除（原則として配当所得の10%）が適用されますので、有利不利はあまり変わりません。しかしながら、法人にとっては、配当所得として取り扱われた従事分量配当相当額の損金算入が認められないことになりますので、従事分量配当相当額が法人の側と組合員の側とで二重に課税されることになり、不利になります。なお、配当所得については、配当の支払いをする法人が所得税の源泉徴収をする必要がありますので、従事分量配当相当額が事後的に配当所得として取り扱われた場合、源泉所得税の本税に加算税、延滞税も含めて追徴されることになりますので留意が必要です。

Q12 従事分量配当を受け取る組合員の労災加入はどうなりますか。

従事分量配当制において、事業に従事する組合員は、特定農作業従事者としての労災保険に特別加入することができます。ただし、その労災保険料は、原則として組合員の個人負担となります。しかしながら、その場合、農事組合法人が労災保険料を負担しない分、農事組合法人の経費が減って剰余金が増えることになりますので、その分を従事分量配当の原資に振り向けることが可能になります。また、組合員が個人負担した労災保険料は、所得控除の一つである社会保険料控除の対象となり、確定申告において課税所得から控除することができます。

(6) 剰余金と従事分量配当の関係

Q13 仮払いをした従事分量配当が剰余金を上回る場合にはどうしたらよいですか。

従事分量配当は、剰余金の範囲内において行うことになります。したがって、仮払いのままの単価で従事分量配当を行うと剰余金が無くなってしまう場合には、従事分量配当が剰余金の範囲内になるよう、単価を縮減するなどして減額して行うことになります。この場合、損金算入されるのは、仮払いの金額ではなく、剰余金の範囲内に減額して総会で決議した従事分量配当の金額となります。この場合、従事分量配当の仮払金（仮払配当金）の一部が、相殺されないまま翌事業年度の総会日以後も繰り越されることになりますが、この額は、本来、仮払金を支払った組合員に対して返還を求めることになります。

ただし、農業経営を行う農事組合法人で前期繰越剰余金や農業経営基盤強化準備金など任意積立金がある場合、当期の剰余金だけでなく、前期繰越剰余金や任意積立金取崩額を含めた剰余金全体を原資として従事分量配当を行うことも農協法の法令上は禁止されていません。しかしながら、定款で「この組合が組合員に対して行う配当は、毎事業年度の剰余金の範囲内において行うものとし」と定めている場合において、当期剰余金を超えて従事分量配当を行ったときは定款に違反することになりますので、当期剰余金を超えた分の従事分量配当の損金算入が否認されるおそれがあります。したがって、この場合には、「この組合が組合員に対して行う配当は、毎事業年度の剰余金の範囲内において行うものとし」という部分を定款から削除する定款変更を総会で決議した後に、従事分量配当を行う必要があります。なお、利益準備金は、損失の填補に充てる場合を除いて取り崩しが禁止されています（農協法第51条第6項、第73条第2項にて準用）ので、利益準備金を取り崩してこれを原資に従事分量配当を行うことはできません。

一方、従事分量配当は、組合員にとって事業（農業）所得となります。従事分量配当は、従事した日の属する年分ではなく、総会で剰余金処分を決議した日の属する年分の事業（農業）所得とするのが原則です。ただし、事業年度の中途で従事分量配当を仮払いしている場合、仮払いした金額を仮払いした日の属する年分の農業所得とする方法も実務では広く一般に行われており、毎年継続して適用することを条件に認められるものと考えます。しかしながら、この場合には総会で決議した金額に基づいて仮払いした金額から減額した金額をもって組合員個人の確定申告を行うことになると考えられます。

Q14 仮払いをした従事分量配当が剰余金を上回る場合に事業年度の中途で給与制に変更することはできますか。

従事分量配当制から給与制に変更する場合は、事業年度の当初の総会で決議するのが望ましい手続きです。しかしながら、事業年度の中途で臨時総会を開催して変更の決議をすることも、手続きとして有効と考えます。なお、給与を損金算入するためには、事業年度終了の日までに費用として計上し、債務として確定する必要がありますので、給与制への変更の手続きは事業年度末までに臨時総会で決議して行う必要があり、事業年度終了後の通常総会で決議して行うことはできません。また、税務上のトラブルを避けるため、その事業年度分の給与についてはできる限り事業年度末までに支払うようにしてください。

従事分量配当を仮払いしていた場合には、その額を給与の額とすることになりますが、次の点に留意する必要があります。

①給与にかかる源泉徴収義務

給与を支払った者には源泉徴収義務があり、原則として給与を支払った月の翌月10日までに納付しなければなりません。この場合、事後的に給与制に変更することで、源泉所得税について期限後の納付となるため、源泉所得税の本税に加えて、原則として加算税及び延滞税が課せられることになります。

②役員給与の損金不算入

役員分の給与については、法人税における所得金額の計算上、損金算入されないため、法人税の申告書の別表4において課税所得に加算することになります。これは、役員給与については、法人税法上、定期同額給与などの条件を満たさない限り、損金算入されないことになっているからです。

③消費税不課税

従事分量配当は消費税の課税仕入れとして仕入税額控除の対象となりますが、給与は消費税不課税となるため、仕入税額控除の対象となりません。

Q15 従事分量配当制を採用したいのですが、初年度で赤字が見込まれる場合にはどうしたらよいですか。

麦を栽培する集落営農について、たとえば2月決算の法人を10月に設立した場合には、法人設立初年度において農産物の販売が無いまま事業年度が終了することとなります。この場合、売上高がゼロになり、その事業年度の剰余金が生じないことから、従事分量配当をすることができないことになります。

このため、従事分量配当制を採用しようとしている場合であっても、設立初年度であるなどの理由で剰余金が生じない見込みのときは、初年度などに限って給与制とするかまたは定額の作業委託費により組合員に作業委託する方法が考えられます。

ただし、作業委託費のような費用は、従事分量配当と異なり、事業年度終了の日までに債務の確定しない場合には損金算入されませんので、債務確定をめぐって問題が生じないよう、できる限り期末までに作業委託費の支払いを完了する必要があります。なお、作業委託費を支払った結果、剰余金が生じたとしても、その事業年度については、作業委託の対象となった同一の作業を対象としてさらに従事分量配当を行うことはできません。

なお、麦を栽培する集落営農が2月決算の法人を設立する場合において初年度の赤字を避けるには、3月以降の法人設立とし、設立した年の翌年の収穫分から法人における麦の栽培を開始する方法をお勧めします。この場合、前身となる集落営農組織の麦の栽培期間と新設の法人の水稲の栽培期間とが重複することになりますが、これによる特段の問題はありません。

Q16 利益準備金を積み立てずに従事分量配当をすることができますか。また、定款変更をして利益準備金の要積立額を減らすことはできますか。

農事組合法人については、農協法により、定款で定める額に達するまでは、配当の金額に関係なく、毎事業年度の剰余金の10分の1以上を利益準備金として積み立てなければならないとされています。したがって、従事分量配当制を採る場合において、利益準備金が定款で定める額に達していないときは、毎事業年度の剰余金の全額を従事分量配当することはできません。

定款における利益準備金の要積立額が「出資総額と同額に達するまで」となっている場合には、定款を変更して「出資総額の2分の1に達するまで」と変更することができます。この場合において、農協法により、利益準備金の額は、出資総額の2分の1を下ってはならないとされているため、定款に定める額を「出資総額の3分の1」など出資総額の2分の1を下回る額とすることはできません。

農事組合法人の定款を変更するには、総会において特別議決、すなわち総組合員の3分の2以上の多数による議決が必要です。総会の議事として「定款の一部変更について」を審議し、議決することになります。議案においては「変更の理由」を示すことになりますが、具体的には、次のような文面が考えられます。

1. 変更の理由

この組合の定款は、制定当時の農林水産省の農事組合法人定款例によっていたが、農事組合法人定款例の改正（平成25年5月15日）に伴って、これを変更する。なお、利益準備金要積立額として定款で定める額は、農業協同組合法で定める最低額とする。

なお、同じ総会において変更後の定款に基づいて利益準備金の積立てを行うには、剰余金処分案の承認の前に定款の一部変更を議決する必要があります。この場合の議事の順序は次のとおりとなります。

第1号議案　定款の一部変更について

第2号議案　令和○年度事業報告・貸借対照表・損益計算書・剰余金処分案の承認について

第3号議案　・・・

Q17 農業経営基盤強化準備金を積み立てた結果、繰越利益剰余金がマイナスになりましたが問題ないでしょうか。

農事組合法人において、繰越利益剰余金の額を超えて任意積立金を積み立てることについて、次年度以降に欠損金を繰り越しながら準備金を積み立てることは、剰余金処分が想定する手続きを超えており、好ましくないという指摘もあります。しかしながら、農協法ではとくに定めがなく、法令で否定されるものではありません。また、農業経営基盤強化準備金を積み立てた結果、繰越利益剰余金がマイナス、すなわち会計上の繰越欠損金が生じても税法上はとくに問題ありません。

ただし、同じ剰余金処分において農業経営基盤強化準備金の積立てと併せて従事分量配当を行った結果、繰越利益剰余金がマイナスになった場合には、剰余金の額を超えて配当をしたものとされ、従事分量配当の損金算入が認められないおそれがあります。

これは、剰余金処分案において剰余金処分が次の算式による順序で行われることから、従事分量配当などの配当金は任意積立金である農業経営基盤強化準備金を積み立てた後の剰余金から支出されると解されるためです。

剰余金（注）－①利益準備金－②任意積立金－③配当金

＝次期繰越剰余金

（注）当期未処分剰余金（当期剰余金＋前期繰越剰余金）＋任意積立金取崩額

Q18 農業経営基盤強化準備金取崩額を対象として従事分量配当を行うことができますか。

従事分量配当の対象となる剰余金は、農業の経営により生じた剰余金から成る部分の分配に限られますが、農業経営基盤強化準備金の対象交付金については、農業の担い手に対する経営安定のための交付金など一定の農業経営を行うことを要件として交付されるものであることから、これらの交付金は農業経営によって得られた収入に該当します。したがって、農業経営基盤強化準備金の対象交付金も従事分量配当の対象とし、法人の所得の金額の計算上、損金の額に算入することができます。また、農業経営基盤強化準備金は、これらの交付金の額を限度として農業経営から生じた剰余金を積み立てたものであり、個人事業において農業経営基盤強化準備金の取崩額は所得税の課税上事業所得（農業所得）として取り扱われるものですので、農業経営基盤強化準備金を取り崩したことによって生じた剰余金を対象として従事分量配当をしても基本的には問題ないと考えます。

ところで、農業経営基盤強化準備金を損金経理によって積み立てた場合には、益金経理によって取り崩すことになりますので、当期剰余金（繰越損失金がある場合は補塡後）の範囲内で従事分量配当すれば問題ありません。

ただし、農業経営基盤強化準備金を剰余金処分経理によって積み立てた場合には、剰余金処分経理によって取り崩すことになりますが、この場合において定款で「この組合が組合員に対して行う配当は、毎事業年度の剰余金の範囲内において行うものとし」としているときは、当期剰余金を超えて従事分量配当を行うと定款に違反することになりますので、望ましくありません。また、税務上も当期剰余金を超えた分の従事分量配当については違法配当に当たるとして損金算入が否認されるおそれがあります。このため、この場合には、総会において「この組合が組合員に対して行う配当は、毎事業年度の剰余金の範囲内において行うものとし」という部分を削除する定款変更を決議したうえで、取り崩し後の剰余金の範囲内で従事分量配当を行う必要があります。

農林水産省が以前に示した農事組合法人定款例（平成19年1月25日改正）では、農地等についての権利を取得して農業の経営を行おうとする組合においては、定款における配当の規定の第1項を「この組合が組合員に対して行う配当は、組合員がこの組合の事業に従事した程度に応じてする配当とし、その事業年度において組合員がこの組合の営む事業に従事した日数及びその労務の内容、責任の程度等に応じてこれを行う。」と改めるように指導しており、ここでは「毎事業年度の剰余金の範囲内」という表現は用いられていません。このことから、「毎事業年度の剰余金の範囲内」という表現は利用分量配当を念頭に置いたもので、利用分量配当を行わない場合には必要ないと考えられます。従事分量配当は、組合員から農作業の提供を受け、その反対給付として支払うものですので、必ずしも従事分量配当を行おうとする事業年度の当期剰余金や農業経営の事業による経常利益の額を基としなければいけない理由はありません。

このため、農業経営を行う農事組合法人で農業経営基盤強化準備金など任意積立金取崩額を原資として従事分量配当を行う場合には、次のように定款を定めることが望ましいと考えます。

（配当）

第○条　この組合が組合員に対して行う配当は、組合員がその事業に従事した程度に応じてする配当及び組合員の出資の額に応じてする配当とする。

2　事業に従事した程度に応じてする配当は、その事業年度において組合員がこの組合の営む事業に従事した日数及びその労務の内容、責任の程度等に応じてこれを行う。

3　出資の額に応じてする配当は、事業年度末における組合員の払込済出資額に応じてこれを行う。

4　前2項の配当は、その事業年度の剰余金処分案の議決する総会の日において組合員である者について計算するものとする。

5　配当金の計算上生じた1円未満の端数は、切り捨てるものとする。

なお、現行の農事組合法人定款例では「この組合が組合員に対して行う配当は、毎事業年度の剰余金の範囲内において行うものとし」という記載がありますが、農事組合法人定款例は、「一律に適用することを求めるものではなく、本定款例と異なる内容の記載であっても、法令等で定める必要事項や適切な内容が記載されていれば差し支えない」とされています。このため、「この組合が組合員に対して行う配当は、毎事業年度の剰余金の範囲内において行うものとし」という部分を削除しても法令等に違反するわけではなく、そのうえで当期剰余金を超えて従事分量配当を行った場合には定款に違反するわけではありませんので、法令や定款に違反するという理由から当期剰余金を超える部分の損金算入が否認されることはありません。

ただし、共同利用施設の設置などいわゆる1号事業を行う法人で利用分量配当を行う場合には、この部分を定款から削除することはできません。利用分量配当は、当期の剰余金の割戻しの性格を有するものであることから、利用分量配当を行おうとする事業の当期利益の額（経常利益の額）を基とし、かつ、当期剰余金の金額を限度とすることが相当です。このため、1号事業を行っていない場合には、上記の配当の条項のほか、合わせて次の部分を削除・修正するようにしてください。

①事業（定款例第6条）

第1号の規定全文「組合員の農業に係る共同利用施設の設置（当該施設を利用して行う組合員の生産する物資の運搬、加工又は貯蔵の事業を含む。）及び農作業の共同化に関する事業」を削除します。

②員外利用（定款例第7条）

1号事業を前提としての条項ですので、全文を削除します。

③除名（定款例第14条）

後段の「せず、かつ、この組合の施設を全く利用」を削除します。

④利益準備金（定款例第38条）

「毎事業年度の剰余金」の後の（　）内の規定について、配当（定款例第40条）の条項から「毎事業年度の剰余金の範囲内において行うものとし」という部分を削除したことに伴って「第40条第1項において同じ。」という部分を削除するなど条文を整備します。

農事組合法人の定款を変更するには、総会において特別議決、すなわち総組合員の3分の2以上の多数による議決が必要です。総会の議事として「定款の一部変更について」を審議し、議決することになります。議案においては「変更の理由」を示すことになりますが、具体的には、次のような文面が考えられます。

> 1. 変更の理由
> この組合の定款は、制定当時の農林水産省の農事組合法人定款例によっていたが、この組合では共同利用施設の設置等の事業（農業協同組合法第72条の8第1号）を行っておらず、今後も行う見込みがないため、この事業に関する定款の規定を削除する。

ただし、明確な根拠はありませんが、利用分量配当と同様、従事分量配当を行おうとする当期の剰余金の額を基とすべきだとする見解があることに留意してください。

Q19 枝番管理によって従事分量配当をすることができますか。

農事組合法人における枝番管理による従事分量配当は、農協法上は問題ないとされているものの、税務上は「事業に従事した程度に応じて分配」したと認められず、損金算入されないおそれがあります。

従事分量配当に関する税務調査では作業日報により従事状況を確認するのが通例ですが、枝番管理では作業日報を記載していないことが多く、作業日報がない場合、従事分量配当の根拠が問われることになります。実際に枝番管理よる利益を従事分量配当として支払った事例で、分配額に応じた形で作業日報を作成したことが発覚し、従事分量配当の損金算入が否認された事例があります。

農事組合法人が行う従事分量配当については、「損金算入」、「源泉徴収不要」、「消費税の仕入税額控除」というメリットがありますが、その半面、法人税法で定める従事分量配当の要件を満たさない場合、数年後の税務調査でこれらのメリットを否認されるリスクがあります。

農事組合法人において、枝番管理で従事分量配当を支払うことは税務上のリスクが高いため、収入差プレミアム方式による作業受委託契約によって圃場管理料として支払うことをおすすめしています。

資　料
定款・規程・契約書例

資料１

農事組合法人○○定款［例］
（農業経営のみ行う場合）

第１章　総　則

（目的）
第１条　この組合は、組合員の農業生産についての協業を図ることによりその生産性を向上させ、組合員の共同の利益を増進することを目的とする。

（名称）
第２条　この組合は、農事組合法人○○という。

（地区）
第３条　この組合の地区は、○○県○○郡○○村字○○の区域とする。

（事務所）
第４条　この組合は、事務所を○○県○○郡○○村に置く。

（農業協同組合への加入）
第５条　この組合は、○○農業協同組合に加入するものとする。

（公告の方法）
第６条　この組合の公告は、この組合の掲示場に掲示してこれをする。
２ 前項の公告の内容は、必要があるときは、書面をもって組合員に通知するものとする。

第２章　事　業

（事業）
第７条　この組合は、次の事業を行う。
⑴ 農業の経営
⑵ 前号に掲げる農業に関連する事業であって、次に掲げるもの
① 農畜産物を原料又は材料として使用する製造又は加工
② 農畜産物の貯蔵、運搬又は販売
③ 農業生産に必要な資材の製造
④ 農作業の受託
⑶ 前２号の事業に附帯する事業

第３章　組合員

（組合員の資格）
第８条　次に掲げる者は、この組合の組合員となることができる。
⑴ 農業を営む個人であって、その住所又はその経営に係る土地若しくは施設がこの組合の地区内にあるもの
⑵ 農業に従事する個人であって、その住所又はその従事する農業に係る土地若しくは施設がこの組合の地区内にあるもの
⑶ 農業協同組合及び農業協同組合連合会で、その地区にこの組合の地区の全部又は一部を含むもの
⑷ この組合からその事業に係る物資の供給又は役務の提供を継続して受ける個人
⑸ この組合に対してその事業に係る特許権についての専用実施権の設定又は通常実施権の許諾に係る契約、新商品又は新技術の開発又は提供に係る契約、実用新案権に

ついての専用実施権の設定又は通常実施権の許諾に係る契約及び育成者権についての専用利用権の設定又は通常利用権の許諾に係る契約を締結している者
(6) この組合に農林漁業法人等に対する投資の円滑化に関する特別措置法（平成14年法律第52号）第6条に規定する承認事業計画に従って同法第2条第2項に規定する農業法人投資育成事業に係る投資を行った同法第5条に規定する承認会社

2　この組合の前項第1号又は第2号の規定による組合員が農業を営み、若しくは従事する個人でなくなり、又は死亡した場合におけるその農業を営まなくなり、若しくは従事しなくなった個人又はその死亡した者の相続人であって農業を営まず、若しくは従事しないものは、この組合との関係においては、農業を営み、又は従事する個人とみなす。

3　この組合の組合員のうち第1項第4号及び第5号に掲げる者及び前項の規定により農業を営み、又は従事する個人とみなされる者の数は、総組合員の数の3分の1を超えてはならない。

（加入）

第9条　この組合の組合員になろうとする者は、引き受けようとする出資口数及びこの組合の事業に常時従事するかどうかを記載した加入申込書をこの組合に提出しなければならない。

2　この組合は、前項の申込書の提出があったときは、理事の過半でその加入の諾否を決する。

3　この組合は、前項の規定によりその加入を承諾したときは、書面をもってその旨を加入申込みをした者に通知し、出資の払込みをさせるとともに組合員名簿に記載し、又は記録するものとする。

4　加入申込みをした者は、前項の規定による出資の払込みをすることによって組合員となる。

5　出資口数を増加しようとする組合員については、第1項から第3項までの規定を準用する。

（資格変動の申出）

第10条　組合員は、前条第1項の規定により提出した書類の記載事項に変更があったとき又は組合員たる資格を失ったときは、直ちにその旨を書面でこの組合に届け出なければならない。

（持分の譲渡）

第11条　組合員は、この組合の承認を得なければ、その持分を譲り渡すことができない。

2　組合員でない者が持分を譲り受けようとするときは、第9条第1項から第4項までの規定を準用する。この場合において、同条第3項の出資の払込みは必要とせず、同条第4項中「出資の払込み」とあるのは「通知」と読み替えるものとする。

（相続による加入）

第12条　組合員の相続人で、その組合員の死亡により、持分の払戻請求権の全部を取得した者が、相続開始後60日以内にこの組合に加入の申込みをし、組合がこれを承諾したときは、その相続人は被相続人の持分を取得したものとみなす。

2　前項の規定により加入の申込みをしようとするときは、当該持分の払戻請求権の全部を取得したことを証する書面を提出しなければならない。

（脱退）

第13条　組合員は、60日前までにその旨を書面をもってこの組合に予告し、当該事業年度の終わりにおいて脱退することができる。

2　組合員は、次の事由によって脱退する。

(1) 組合員たる資格の喪失
(2) 死亡又は解散
(3) 除名
(4) 持分全部の譲渡

(除名)
第14条　組合員が、次の各号のいずれかに該当するときは、総会の決議を経てこれを除名することができる。この場合には、総会の日の10日前までにその組合員に対しその旨を通知し、かつ、総会において弁明する機会を与えなければならない。
(1) 第8条第1項第1号又は第2号の規定による組合員が、正当な理由なくして1年以上この組合の事業に従事しないとき。
(2) この組合に対する義務の履行を怠ったとき。
(3) この組合の事業を妨げる行為をしたとき。
(4) 法令、法令に基づいてする行政庁の処分又はこの組合の定款若しくは規約に違反し、その他故意又は重大な過失によりこの組合の信用を失わせるような行為をしたとき。
2　除名を決議したときは、その理由を明らかにした書面をもって、これをその組合員に通知しなければならない。

(持分の払戻し)
第15条　第13条第2項第1号から第3号までの規定により組合員が脱退した場合には、組合員のこの組合に対する出資額（その脱退した事業年度末時点の貸借対照表に計上された資産の総額から負債の総額を控除した額が出資の総額に満たないときは、当該出資額から当該満たない額を各組合員の出資額に応じて減算した額。以下「出資額に応じた純資産額」という。）を限度として持分を払い戻すものとする。
2　前項の規定にかかわらず、第8条第1項第6号の規定による組合員が脱退した場合には、組合員のこの組合に対する出資額を超えて持分を払い戻すことができる。ただし、出資額に応じた純資産額を超えることができない。
3　脱退した組合員が、この組合に対して払い込むべき債務を有するときは、前項の規定により払い戻すべき額と相殺するものとする。

(出資口数の減少)
第16条　組合員は、やむを得ない理由があるときは、組合の承認を得てその出資の口数を減少することができる。
2　組合員がその出資の口数を減少したときは、減少した口数に係る払込済出資金に対する持分額として前条第1項の例により算定した額を払い戻すものとする。
3　前条第2項の規定は、前項の規定による払戻しについて準用する。

第4章　出　資

(出資義務)
第17条　組合員は、出資1口以上を持たなければならない。ただし、出資総口数の100分の50を超えることができない。

(出資1口の金額及び払込方法)
第18条　出資1口の金額は、金1,000円とし、全額一時払込みとする。
2　組合員は、前項の規定による出資の払込みについて、相殺をもってこの組合に対抗することができない。

第5章　役　員

(役員の定数)
第19条　この組合に、役員として、理事○人及び監事○人を置く。

(役員の選任)
第20条　役員は、総会において選任する。
2 前項の規定による選任は、総組合員の過半数による決議を必要とする。
3 理事は、第8条第1項第1号又は第2号の規定による組合員でなければならない。

(役員の解任)
第21条　役員は、任期中でも総会においてこれを解任することができる。この場合において、理事は、総会の7日前までに、その請求に係る役員にその旨を通知し、かつ、総会において弁明する機会を与えなければならない。

(代表理事の選任)
第22条　理事は、代表理事1人を互選するものとする。

(理事の職務)
第23条　代表理事は、この組合を代表し、その業務を掌理する。
2　理事は、あらかじめ定めた順位に従い、代表理事に事故あるときはその職務を代理し、代表理事が欠員のときはその職務を行う。

(理事の決定事項)
第24条　次に掲げる事項は、理事の過半数でこれを決する。
(1) 業務を運営するための方針に関する事項
(2) 総会の招集及び総会に付議すべき事項
(3) 役員の選任に関する事項
(4) 固定資産の取得又は処分に関する事項
(5) 団体への加入（○○農業協同組合への加入を除く。）及び団体からの脱退
(6) この組合への加入（持分の相続又は譲受けによる加入を含む。）の承認
(7) 持分の譲渡又は出資口数の減少の承認
(8) 出資口数の増加の承認

(監事の職務)
第25条　監事は、次に掲げる職務を行う。
(1) この組合の財産の状況を監査すること。
(2) 理事の業務の執行の状況を監査すること。
(3) 財産の状況及び業務の執行について、法令若しくは定款に違反し、又は著しく不当な事項があると認めるときは、総会又は行政庁に報告すること。
(4) 前号の報告をするために必要があるときは、総会を招集すること。

(役員の責任)
第26条　役員は、法令、法令に基づいてする行政庁の処分、定款等及び総会の決議を遵守し、この組合のため忠実にその職務を遂行しなければならない。
2　役員は、その職務上知り得た秘密を正当な理由なく他人に漏らしてはならない。
3　役員がその任務を怠ったときは、この組合に対し、これによって生じた損害を賠償する責任を負う。
4　役員がその職務を行うについて悪意又は重大な過失があったときは、その役員は、これによって第三者に生じた損害を賠償する責任を負う。
5　次の各号に掲げる者が、その各号に定める行為をしたときも、前項と同様とする。ただし、その者がその行為をすることについて注意を怠らなかったことを証明したときは、この限りでない。
(1) 理事　次に掲げる行為
イ 農業協同組合法（昭和22年法律第132号。以下「法」という。）第72条の25第

1項の規定により作成すべきものに記載し、又は記録すべき重要な事項についての虚偽の記載又は記録
ロ 虚偽の登記
ハ 虚偽の公告
(2) 監事　監査報告に記載し、又は記録すべき重要な事項についての虚偽の記載又は記録
6　役員が、前3項の規定により、この組合又は第三者に生じた損害を賠償する責任を負う場合において、他の役員もその損害を賠償する責任を負うときは、これらの者は,連帯債務者とする。

(役員の任期)
第27条　役員の任期は、就任後3年以内に終了する最終の事業年度に関する通常総会の終結の時までとする。ただし、補欠選任及び法第95条第2項の規定による改選によって選任される役員の任期は、退任した役員の残任期間とする。
2　前項ただし書の規定による選任が、役員の全員にかかるときは、その任期は、同項ただし書の規定にかかわらず、就任後3年以内に終了する最終の事業年度に関する通常総会の終結の時までとする。
3　役員の数が、その定数を欠くこととなった場合には、任期の満了又は辞任によって退任した役員は、新たに選任された役員が就任するまで、なお役員としての権利義務を有する。

(特別代理人)
第28条　この組合と理事との利益が相反する事項については、この組合が総会において選任した特別代理人がこの組合を代表する。

第6章　総　会

(総会の招集)
第29条　理事は、毎事業年度1回○月に通常総会を招集する。
2　理事は、次の場合に臨時総会を招集する。
(1) 理事の過半数が必要と認めたとき
(2) 組合員が、その5分の1以上の同意を得て、会議の目的とする事項及び招集の理由を記載した書面を組合に提出して招集を請求したとき
3　理事は、前項第2号の請求があったときは、その請求があった日から10日以内に、総会を招集しなければならない。
4　監事は、財産の状況又は業務の執行について法令若しくは定款に違反し、又は著しく不当な事項があると認めた場合において、これを総会に報告するため必要があるときは、総会を招集する。

(総会の招集手続)
第30条　総会を招集するには、理事は、その総会の日の5日前までに、その会議の目的である事項を示し、組合員に対して書面をもってその通知を発しなければならない。
2　総会招集の通知に際しては、組合員に対し、組合員が議決権を行使するための書面(以下「議決権行使書面」という。)を交付しなければならない。

(総会の決議事項)
第31条　次に掲げる事項は、総会の決議を経なければならない。
(1) 定款の変更
(2) 毎事業年度の事業計画の設定及び変更
(3) 事業報告、貸借対照表、損益計算書及び剰余金処分案又は損失処理案

(総会の定足数)
第32条　総会は、組合員の半数以上が出席しなければ議事を開き決議することができない。この場合において、第36条の規定により、書面又は代理人をもって議決権を行う者は、これを出席者とみなす。

(緊急議案)
第33条　総会では、第30条の規定によりあらかじめ通知した事項に限って、決議するものとする。ただし、第35条各号に規定する事項を除き、緊急を要する事項についてはこの限りでない。

(総会の議事)
第34条　総会の議事は、出席した組合員の議決権の過半数でこれを決し、可否同数のときは、議長の決するところによる。
2　議長は、総会において、総会に出席した組合員の中から組合員がこれを選任する。
3　議長は、組合員として総会の議決に加わる権利を有しない。

(特別決議)
第35条　次の事項は、総組合員の3分の2以上の多数による決議を必要とする。
(1) 定款の変更
(2) 解散及び合併
(3) 組合員の除名

(書面又は代理人による決議)
第36条　組合員は、第30条の規定によりあらかじめ通知のあった事項について、書面又は代理人をもって議決権を行うことができる。
2　前項の規定により書面をもって議決権を行おうとする組合員は、あらかじめ通知のあった事項について、議決権行使書面にそれぞれ賛否を記載し、これに署名又は記名押印の上、総会の日の前日までにこの組合に提出しなければならない。
3　第1項の規定により組合員が議決権を行わせようとする代理人は、その組合員と同一世帯に属する成年者又はその他の組合員でなければならない。
4　代理人は、2人以上の組合員を代理することができない。
5　代理人は、代理権を証する書面をこの組合に提出しなければならない。

(議事録)
第37条　総会の議事については、議事録を作成し、次に掲げる事項を記載し、又は記録しなければならない。
(1) 開催の日時及び場所
(2) 議事の経過の要領及びその結果
(3) 出席した理事及び監事の氏名
(4) 議長の氏名
(5) 議事録を作成した理事の氏名
(6) 前各号に掲げるもののほか、農林水産省令で定める事項

第7章　会　計

(事業年度)
第38条　この組合の事業年度は、毎年○月○日から翌年○月○日までとする。

(剰余金の処分)
第39条　剰余金は、利益準備金、資本準備金、任意積立金、配当金及び次期繰越金とし

てこれを処分する。

(利益準備金)
第40条　この組合は、出資総額の2分の1に達するまで、毎事業年度の剰余金（繰越損失金のある場合は、これを填補した後の残額。第42条第1項において同じ。）の10分の1に相当する金額以上の金額を利益準備金として積み立てるものとする。

(資本準備金)
第41条　減資差益及び合併差益は、資本準備金として積み立てなければならない。ただし、合併差益のうち合併により消滅した組合の利益準備金その他当該組合が合併直前において留保していた利益の額については資本準備金に繰り入れないことができる。

(任意積立金)
第42条　この組合は、毎事業年度の剰余金から第40条の規定により利益準備金として積み立てる金額を控除し、なお残余があるときは、任意積立金として積み立てることができる。
2　任意積立金は、損失金の填補又はこの組合の事業の改善発達のための支出その他の総会の決議により定めた支出に充てるものとする。

(配当)
第43条　この組合が組合員に対して行う配当は、組合員がその事業に従事した程度に応じてする配当及び組合員の出資の額に応じてする配当とする。
2　事業に従事した程度に応じてする配当は、その事業年度において組合員がこの組合の営む事業に従事した日数及びその労務の内容、責任の程度等に応じてこれを行う。
3　出資の額に応じてする配当は、事業年度末における組合員の払込済出資額に応じてこれを行う。
4　前2項の配当は、その事業年度の剰余金処分案の議決をする総会の日において組合員である者について計算するものとする。
5　配当金の計算上生じた1円未満の端数は、切り捨てるものとする。

(損失金の処理)
第44条　この組合は、事業年度末に損失金がある場合には、任意積立金、利益準備金及び資本準備金の順に取り崩して、その填補に充てるものとする。

第8章　雑　則

(残余財産の分配)
第45条　この組合の解散のときにおける残余財産の分配の方法は、総会においてこれを定める。
2　第15条第2項の規定は、前項の規定による残余財産の分配について準用する。
3　持分を算定するに当たり、計算の基礎となる金額で1円未満のものは、これを切り捨てるものとする。

附　則
この組合の設立当初の役員は、第20条の規定にかかわらず次のとおりとし、その任期は、第27条第1項の規定にかかわらず令和○年○月○日までとする。
理事　○○○○、○○○○、○○○○
監事　○○○○

資料２

農事組合法人○○定款［例］
（一般社団法人に組織変更のため非出資制に移行する場合）

第１章　総則

（目的）
第１条　この組合は、組合員の農業生産についての協業を図ることによりその生産性を向上させ、組合員の共同の利益を増進することを目的とする。
（名称）
第２条　この組合は、農事組合法人○○という。
（地区）
第３条　この組合の地区は、○○県○○郡○○村字○○の区域とする。
（事務所）
第４条　この組合は、事務所を○○県○○郡○○村に置く。
（公告の方法）
第５条　この組合の公告は、この組合の掲示場に掲示してこれをする。
２　前項の公告の内容は、必要があるときは、書面をもって組合員に通知するものとする。

第２章　事業

（事業）
第６条　この組合は、次の事業を行う。
⑴ 組合員の農業に係る共同利用施設の設置（当該施設を利用して行う組合員の生産する物資の運搬、加工又は貯蔵の事業を含む。）及び農作業の共同化に関する事業
⑵ 前号の事業に附帯する事業

第３章　組合員

（組合員の資格）
第７条　次に掲げる者は、この組合の組合員となることができる。
⑴ 農業を営む個人であって、その住所又はその経営に係る土地若しくは施設がこの組合の地区内にあるもの
⑵ 農業に従事する個人であって、その住所又はその従事する農業に係る土地若しくは施設がこの組合の地区内にあるもの
（加入）
第８条　この組合の組合員になろうとする者は、加入申込書をこの組合に提出しなければならない。
２　この組合は、前項の申込書の提出があったときは、理事の過半でその加入の諾否を決する。
３　この組合は、前項の規定によりその加入を承諾したときは、書面をもってその旨を加入申込みをした者に通知し、組合員名簿に記載し、又は記録するものとする。
（脱退）
第９条　組合員は、60日前までにその旨を書面をもってこの組合に予告し、当該事業年度の終わりにおいて脱退することができる。
２　組合員は、次の事由によって脱退する。
⑴ 組合員たる資格の喪失
⑵ 死亡
⑶ 除名

(除名)

第10条　組合員が、次の各号のいずれかに該当するときは、総会の決議を経てこれを除名することができる。この場合には、総会の日の10日前までにその組合員に対しその旨を通知し、かつ、総会において弁明する機会を与えなければならない。

⑴ 1年間この組合の事業を全く利用しないとき。

⑵ この組合に対する義務の履行を怠ったとき。

⑶ この組合の事業を妨げる行為をしたとき。

⑷ 法令、法令に基づいてする行政庁の処分又はこの組合の定款若しくは規約に違反し、その他故意又は重大な過失によりこの組合の信用を失わせるような行為をしたとき。

2　除名を決議したときは、その理由を明らかにした書面をもって、これをその組合員に通知しなければならない。

(持分の払戻し)

第11条　この組合が組合員に出資をさせない農事組合法人に移行する場合には、組合員のこの組合に対する出資額（その移行を決議した事業年度末時点の財産目録に計上された資産の総額から負債の総額を控除した額が出資の総額に満たないときは、当該出資額から当該満たない額を各組合員の出資額に応じて減算した額）を限度として持分を払い戻すものとする。

2　組合員が、この組合に対して払い込むべき債務を有するときは、前項の規定により払い戻すべき額と相殺するものとする。

第4章　役員

(役員の定数)

第12条　この組合に、役員として、理事○人及び監事○人を置く。

(役員の選任)

第13条　役員は、総会において選任する。

2　前項の規定による選任は、総組合員の過半数による決議を必要とする。

3　理事は、第7条第1項第1号又は第2号の規定による組合員でなければならない。

(役員の解任)

第14条　役員は、任期中でも総会においてこれを解任することができる。この場合において、理事は、総会の7日前までに、その請求に係る役員にその旨を通知し、かつ、総会において弁明する機会を与えなければならない。

(代表理事の選任)

第15条　理事は、代表理事1人を互選するものとする。

(理事の職務)

第16条　代表理事は、この組合を代表し、その業務を掌理する。

2　理事は、あらかじめ定めた順位に従い、代表理事に事故あるときはその職務を代理し、代表理事が欠員のときはその職務を行う。

(監事の職務)

第17条　監事は、次に掲げる職務を行う。

⑴ この組合の財産の状況を監査すること。

⑵ 理事の業務の執行の状況を監査すること。

⑶ 財産の状況及び業務の執行について、法令若しくは定款に違反し、又は著しく不当な事項があると認めるときは、総会又は行政庁に報告すること。

⑷ 前号の報告をするために必要があるときは、総会を招集すること。

(役員の責任)

第18条　役員は、法令、法令に基づいてする行政庁の処分、定款等及び総会の決議を遵守し、この組合のため忠実にその職務を遂行しなければならない。

2　役員は、その職務上知り得た秘密を正当な理由なく他人に漏らしてはならない。

3　役員がその任務を怠ったときは、この組合に対し、これによって生じた損害を賠償する責任を負う。

4　役員がその職務を行うについて悪意又は重大な過失があったときは、その役員は、これによって第三者に生じた損害を賠償する責任を負う。
5　次の各号に掲げる者が、その各号に定める行為をしたときも、前項と同様とする。ただし、その者がその行為をすることについて注意を怠らなかったことを証明したときは、この限りでない。
(1) 理事　次に掲げる行為
イ　農業協同組合法（昭和22年法律第132号。以下「法」という。）第72条の25第1項の規定により作成すべきものに記載し、又は記録すべき重要な事項についての虚偽の記載又は記録
ロ　虚偽の登記
ハ　虚偽の公告
(2) 監事　監査報告に記載し、又は記録すべき重要な事項についての虚偽の記載又は記録
6　役員が、前3項の規定により、この組合又は第三者に生じた損害を賠償する責任を負う場合において、他の役員もその損害を賠償する責任を負うときは、これらの者は,連帯債務者とする。
(役員の任期)
第19条　役員の任期は、就任後○年以内に終了する最終の事業年度に関する通常総会の終結の時までとする。ただし、補欠選任及び法第95条第2項の規定による改選によって選任される役員の任期は、退任した役員の残任期間とする。
2　前項ただし書の規定による選任が、役員の全員にかかるときは、その任期は、同項ただし書の規定にかかわらず、就任後○年以内に終了する最終の事業年度に関する通常総会の終結の時までとする。
3　役員の数が、その定数を欠くこととなった場合には、任期の満了又は辞任によって退任した役員は、新たに選任された役員が就任するまで、なお役員としての権利義務を有する。
(特別代理人)
第20条　この組合と理事との利益が相反する事項については、この組合が総会において選任した特別代理人がこの組合を代表する。

第5章　総会

(総会の招集)
第21条　理事は、毎事業年度1回○月に通常総会を招集する。
2　理事は、次の場合に臨時総会を招集する。
(1) 理事の過半数が必要と認めたとき
(2) 組合員が、その5分の1以上の同意を得て、会議の目的とする事項及び招集の理由を記載した書面を組合に提出して招集を請求したとき
3　理事は、前項第2号の請求があったときは、その請求があった日から10日以内に、総会を招集しなければならない。
4　監事は、財産の状況又は業務の執行について法令若しくは定款に違反し、又は著しく不当な事項があると認めた場合において、これを総会に報告するため必要があるときは、総会を招集する。
(総会の招集手続)
第22条　総会を招集するには、理事は、その総会の日の5日前までに、その会議の目的である事項を示し、組合員に対して書面をもってその通知を発しなければならない。
2　総会招集の通知に際しては、組合員に対し、組合員が議決権を行使するための書面（以下「議決権行使書面」という。）を交付しなければならない。
(総会の決議事項)
第23条　次に掲げる事項は、総会の決議を経なければならない。
(1) 定款の変更

1
2
3
4
5
6
資料

⑵ 毎事業年度の事業計画の設定及び変更
⑶ 事業報告及び財産目録

（総会の定足数）

第24条　総会は、組合員の半数以上が出席しなければ議事を開き決議することができない。この場合において、第28条の規定により、書面又は代理人をもって議決権を行う者は、これを出席者とみなす。

（緊急議案）

第25条　総会では、第22条の規定によりあらかじめ通知した事項に限って、決議するものとする。ただし、第27条各号に規定する事項を除き、緊急を要する事項についてはこの限りでない。

（総会の議事）

第26条　総会の議事は、出席した組合員の議決権の過半数でこれを決し、可否同数のときは、議長の決するところによる。

2　議長は、総会において、総会に出席した組合員の中から組合員がこれを選任する。

3　議長は、組合員として総会の議決に加わる権利を有しない。

（特別決議）

第27条　次の事項は、総組合員の３分の２以上の多数による決議を必要とする。
⑴ 定款の変更
⑵ 解散及び合併
⑶ 組合員の除名

（書面又は代理人による決議）

第28条　組合員は、第22条の規定によりあらかじめ通知のあった事項について、書面又は代理人をもって議決権を行うことができる。

2　前項の規定により書面をもって議決権を行おうとする組合員は、あらかじめ通知のあった事項について、議決権行使書面にそれぞれ賛否を記載し、これに署名又は記名押印の上、総会の日の前日までにこの組合に提出しなければならない。

3　第１項の規定により組合員が議決権を行わせようとする代理人は、その組合員と同一世帯に属する成年者又はその他の組合員でなければならない。

4　代理人は、２人以上の組合員を代理することができない。

5　代理人は、代理権を証する書面をこの組合に提出しなければならない。

（議事録）

第29条　総会の議事については、議事録を作成し、次に掲げる事項を記載し、又は記録しなければならない。
⑴ 開催の日時及び場所
⑵ 議事の経過の要領及びその結果
⑶ 出席した理事及び監事の氏名
⑷ 議長の氏名
⑸ 議事録を作成した理事の氏名
⑹ 前各号に掲げるもののほか、農林水産省令で定める事項

第６章　会計

（事業年度）

第30条　この組合の事業年度は、毎年○月○日から翌年○月○日までとする。

第７章　雑則

（残余財産の分配）

第31条　この組合の解散のときにおける残余財産の分配の方法は、総会においてこれを定める。

資料３

株式会社○○定款［例］
（農地所有適格法人・取締役会非設置会社の場合）

第１章　総則

（商号）
第１条 当会社は、株式会社○○○○○と称する。
（目的）
第２条 当会社は、次の事業を行うことを目的とする。
(1) 農畜産物の生産販売
(2) 農畜産物を原材料とする加工品等の製造販売
(3) 農畜産物の貯蔵、運搬及び販売
(4) 農業生産に必要な資材の製造販売
(5) 農作業の受託
(6) ○○○○
(7) 前各号に附帯関連する一切の事業
（本店所在地）
第３条 当会社は、本店を○○県○○市に置く。
（公告方法）
第４条 当会社の公告は、官報に掲載する方法により行う。

第２章　株式

（発行可能株式総数）
第５条 当会社の発行可能株式総数は１０００株とする。
（株券の不発行）
第６条 当会社の発行する株式については、株券を発行しない。
（株式の譲渡制限）
第７条 当会社の発行する株式の譲渡による取得については、当会社の承認を受けなければならない。
（相続人等に対する売渡請求）
第８条 当会社は、相続、合併その他の一般承継により当会社の譲渡制限の付された株式を取得した者に対し、当該株式を当会社に売り渡すことを請求することができる。
（基準日）
第９条 当会社は、毎事業年度末日の最終の株主名簿に記載又は記録された議決権を有する株主をもって、その事業年度に関する定時株主総会において権利を行使することができる株主とする。
２　前項のほか、必要があるときは、あらかじめ公告して、一定の日の最終の株主名簿に記載又は記録されている株主又は登録株式質権者（以下「株主等」という。）をもって、その権利を行使することができる株主等とすることができる。

第３章　株主総会

（招集時期）
第10条　当会社の定時株主総会は、毎事業年度終了後３か月以内に招集し、臨時株主総会は、必要がある場合に招集する。

（招集権者）
第11条　株主総会は、法令に別段の定めがある場合を除き、取締役社長が招集する。

（招集通知）
第12条　株主総会の招集通知は、当該株主総会で議決権を行使することができる株主に対し、会日の５日前までに発する。ただし、書面投票又は電子投票を認める場合には、会日の２週間前までに発するものとする。
（株主総会の議長）
第13条　株主総会の議長は、取締役社長がこれにあたる。
2 取締役社長に事故があるときは、当該株主総会で議長を選出する。
（株主総会の決議）
第14条　株主総会の決議は、法令又は定款に別段の定めがある場合を除き、出席した議決権を行使することができる株主の議決権の過半数をもって行う。
2　会社法第３０９条第２項の定めによる決議は、定款に別段の定めがある場合を除き、議決権を行使することができる株主の議決権の３分の１以上を有する株主が出席し、その議決権の３分の２以上をもって行う。
（決議の省略）
第15条　取締役又は株主が株主総会の目的である事項について提案をした場合において、当該提案について議決権を行使することができる株主の全員が提案内容に書面又は電磁的記録によって同意の意思表示をしたときは、当該提案を可決する旨の株主総会の決議があったものとみなす。
（議事録）
第16条　株主総会の議事については、開催の日時及び場所、出席した役員並びに議事の経過の要領及びその結果その他法務省令で定める事項を記載又は記録した議事録を作成し、議長及び出席した取締役がこれに署名若しくは記名押印又は電子署名をし、株主総会の日から１０年間本店に備え置く。

第４章　取締役及び代表取締役

（取締役の員数）
第17条　当会社の取締役は、３名以内とする。
（取締役の資格）
第18条　取締役は、当会社の株主の中から選任する。ただし、必要があるときは、株主以外の者から選任することを妨げない。
（取締役の選任）
第19条　取締役は、株主総会において、議決権を行使することができる株主の議決権の３分の１以上を有する株主が出席し、その議決権の過半数の決議によって選任する。
2　取締役の選任については、累積投票によらない。
（取締役の任期）
第20条　取締役の任期は、その選任後５年以内に終了する事業年度のうち最終のものに関する定時株主総会の終結の時までとする。
2　任期満了前に退任した取締役の補欠として、又は増員により選任された取締役の任期は、前任者又は他の在任取締役の任期の残存期間と同一とする。
（代表取締役及び社長）
第21条　当会社に取締役を複数置く場合には、代表取締役１名を置き、取締役の互選により定める。
2　代表取締役は、社長とし、当会社を代表する。
3　当会社の業務は、専ら取締役社長が執行する。
（取締役の報酬及び退職慰労金）
第22条　取締役の報酬及び退職慰労金は、株主総会の決議によって定める。

第５章　計算

（事業年度）
第23条　当会社の事業年度は、毎年○○月○○日から翌年○○月○○日までとする。

(剰余金の配当)
第24条　剰余金の配当は、毎事業年度末日現在の最終の株主名簿に記載又は記録された株主等に対して行う。
(配当の除斥期間)
第25条　剰余金の配当がその支払の提供の日から3年を経過しても受領されないときは、当会社は、その支払義務を免れるものとする。

第6章　附則

(設立に際して出資される財産の価額又はその最低額)
第26条　当会社の設立に際して出資される財産の価額は金○○○万円とする。
(最初の事業年度)
第27条　当会社の最初の事業年度は、当会社成立の日から令和○○年○○月○○日までとする。
(設立時取締役等)
第28条　当会社の設立時取締役及び設立時代表取締役は、次のとおりとする。
設立時取締役　○○ ○○
設立時取締役　○○ ○○
設立時代表取締役　○○ ○○
(発起人の氏名ほか)
第29条　発起人の住所、氏名及び各発起人が設立に際して引き受けた株式数は、次のとおりである。
○○県○○町○○○○○○○○
発起人　○○○○　×××株、金×××万円
発 起 人 住所 ○○県○○町○○○○○○○○
○○県○○町○○○○○○○○
発起人　○○○○　×××株、金×××万円
発 起 人 住所 ○○県○○町○○○○○○○○
○○県○○町○○○○○○○○
発起人　○○○○　×××株、金×××万円
発 起 人 住所 ○○県○○町○○○○○○○○
以上、株式会社○○○○○の設立のため、この定款を作成し、発起人が次に記名押印する。
令和○○年○月○日
発 起 人 ○○県○○市○○○○○○○○
○○ ○○ ㊞
発 起 人 ○○県○○町○○○○○○○○
○○ ○○ ㊞
発 起 人 ○○県○○市○○○○○○○○
○○ ○○ ㊞

資料4

株式会社○○定款［例］
（農地所有適格法人・取締役会設置会社の場合）

第1章　総則

（商号）
第1条 当会社は、株式会社○○○○○と称する。
（目的）
第2条 当会社は、次の事業を行うことを目的とする。
1．農畜産物の生産販売
2．農畜産物を原材料とする加工品等の製造販売
3．農畜産物の貯蔵、運搬及び販売
4．農業生産に必要な資材の製造販売
5．農作業の受託
6．○○○○
7．前各号に附帯関連する一切の事業
（本店の所在地）
第3条 当会社は、本店を○○県○○市に置く。
（公告の方法）
第4条 当会社の公告は、官報に掲載して行う。

第2章　株式

（発行可能株式総数）
第5条 当会社の発行可能株式総数は○○○株とする。
（株券の不発行）
第6条 当会社は、株式に係る株券を発行しない。
（株式の譲渡制限）
第7条 当会社の株式を譲渡によって取得するには、取締役会の承認を受けなければならない。
（相続人等に対する株式の売渡し請求）
第8条 当会社は、相続その他一般承継により当会社の株式を取得した者に対し、当該株式を当会社に売り渡すことを請求することができる。
（基準日）
第9条 当会社は、毎事業年度末日の最終の株主名簿に記載された議決権を有する株主をもって、その事業年度に関する定時株主総会において権利を行使すべき株主とする。
2　前項のほか、株主又は質権者として権利を行使すべき者を確定する必要がある場合には、予め公告して臨時に基準日を定めることができる。

第3章　株主総会

（招集）
第10条　当会社の定時株主総会は、毎事業年度終了後3か月以内にこれを招集し、臨時株主総会は、必要あるときにこれを招集する。
（議長）
第11条　株主総会の議長は、代表取締役社長がこれにあたる。
2　代表取締役社長に事故があるときは、予め取締役会の定める順序により、他の取締役が議長となる。
（決議の方法）

第12条　株主総会の決議は、法令又は定款に別段の定めがある場合を除き、出席した議決権を行使することができる株主の議決権の過半数をもって決する。
2　会社法第309条第2項に定める株主総会の決議は、当該株主総会において議決権を行使できる株主の議決権の過半数を有する株主が出席し、その議決権の3分の2以上をもって行う。
(総会議事録)
第13条　株主総会の議事録は、法令で定める事項を記載した議事録を作成する。

第4章　取締役、取締役会、監査役

(取締役会の設置)
第14条 当会社は、取締役会を置く。
(監査役の設置)
第15条 当会社は、監査役を置く。
(取締役及び監査役の員数)
第16条　当会社の取締役は3名以上、監査役は2名以内とする。
(取締役及び監査役の選任方法)
第17条　当会社の取締役及び監査役は、株主総会において、議決権を行使することができる株主の議決権の過半数を有する株主が出席し、その議決権の過半数をもって選任する。
2　取締役及び監査役の選任決議は、累積投票によらないものとする。
(取締役及び監査役の任期)
第18条　取締役の任期は、その選任後2年以内、監査役の任期は、その選任後4年以内に終了する事業年度のうち最終のものに関する定時株主総会の終結の時までとする。
2　増員又は補欠として選任された取締役の任期は、在任取締役の任期の満了する時までとする。
3　補欠として選任された監査役の任期は、退任した監査役の任期の満了する時までとする。
(代表取締役及び役付取締役)
第19条　代表取締役は、取締役会の決議によって選定する。
2　取締役の中から、社長を1名選任し、必要に応じて、会長、副社長、専務取締役、常務取締役各若干名を選定することができる。
(取締役会の招集)
第20条　取締役会は、法令に別段の定めがある場合を除き、代表取締役社長が招集し、議長となる。
2　代表取締役社長に事故があるときは、他の取締役が取締役会を招集し、議長となる。
(取締役会の招集通知)
第21条　取締役会の招集通知は、各取締役及び各監査役に対し、会日の3日前までに発する。ただし、緊急の場合には、この期間を短縮することができる。
2　取締役及び監査役の全員の同意がある場合には、招集の手続きを経ないで取締役会を開催することができる。
(取締役会の決議方法)
第22条　取締役会の決議は、議決に加わることのできる取締役の過半数が出席し、その過半数をもって行う。
(取締役会の決議の省略)
第23条　取締役が取締役会の目的である事項について提案をした場合において、当該提案につき議決に加わることのできる取締役の全員が書面にて同意の意思表示をしたときは、当該提案を可決する旨の取締役会の決議があったものとみなす。
(取締役会議事録)
第24条　取締役会の議事については、法令に定める事項を記載した議事録を作成し、出席した取締役及び監査役がこれに記名押印する。

1 2 3 4 5 6 資料

(取締役及び監査役の報酬等)
第25条　取締役及び監査役の報酬等は、株主総会の決議によって定める。

第5章　計算

(事業年度)
第26条　当会社の事業年度は、毎年○○月○○日から翌年○○月○○日までとする。
(剰余金の配当)
第27条　剰余金の配当は、毎事業年度末日現在における株主名簿に記載された株主又は登録株式質権者に対して行う。
2　剰余金の配当は、その支払提供の日から満3年を経過しても受領されないときは、当会社はその支払義務を免れるものとする。

第6章　附則

(設立に際して出資される財産の価額又はその最低額)
第28条　当会社の設立に際して出資される財産の価額は金○○○万円とする。
(設立時取締役及び監査役)
第29条　当会社の設立時取締役及び設立時監査役は、次のとおりとする。
設立時取締役 住所 ○○県○○市○○○○○○○○
氏名 ○○ ○○
設立時取締役 住所 ○○県○○町○○○○○○○○
氏名 ○○ ○○
設立時取締役 住所 ○○県○○市○○○○○○○○
氏名 ○○ ○○
設立時監査役 住所 ○○県○○町○○○○○○○○
氏名 ○○ ○○
(最初の事業年度)
第30条　当会社の最初の事業年度は、当会社成立の日から令和○○年○○月○○日までとする。
(発起人の住所、氏名及び引受株数)
第31条　発起人の住所、氏名及び各発起人が設立に際して引き受けた株式数は、次のとおりである。
発 起 人 住所 ○○県○○市○○○○○○○○
氏名 ○○ ○○
株式 普通株式 ○○株
発 起 人 住所 ○○県○○町○○○○○○○○
氏名 ○○ ○○
株式 普通株式 ○○株
発 起 人 住所 ○○県○○市○○○○○○○○
氏名 ○○ ○○
株式 普通株式 ○○株
以上、株式会社○○○○○を設立するため、この定款を作成し、発起人がこれに記名押印する。
令和○○年○月○日
発 起 人 ○○県○○市○○○○○○○○
○○ ○○ ㊞
発 起 人 ○○県○○町○○○○○○○○
○○ ○○ ㊞
発 起 人 ○○県○○市○○○○○○○○
○○ ○○ ㊞

資料5

一般社団法人○○定款［例］
（基金設置の場合）

第1章　総　則

（名　称）
第1条　この法人は、一般社団法人○○地区組合と称する。
（事務所）
第2条　この法人は、主たる事務所を○○県○○市に置く。
（目　的）
第3条　この法人は、○○県○○市○○地区（以下「○○地区」という。）の農地・農業用水等の資源や農村環境の良好な保全と質的向上を図り、○○地区の農業の振興と農業経営及び生活の改善を図ることを目的とする。
（事　業）
第4条　この法人は、前条の目的を達成するため、次の事業を行う。
(1) ○○地区の農地・農業用水等の資源の保全と質的向上を図る事業
(2) ○○地区の農業と生活環境との調和及び整備を図る事業
(3) 農用地利用改善事業の実施に関する事業
(4) 農地中間管理事業の推進に関する事業
(5) 日本型直接支払に関する事業
(6) 農業の経営
(7) その他この法人の目的を達成するために必要な事業
（公告の方法）
第5条　この法人の公告は、この法人の主たる事務所の公衆の見やすい場所に掲示する方法により行う。

第2章　会　員

（会員の構成）
第6条　この法人の会員は、次の2種とし、正会員をもって一般社団法人及び一般財団法人に関する法律（以下「一般法人法」という。）上の社員とする。
(1) 正会員　○○地区内の農用地につき所有権若しくはその他の使用収益権を有する者又は○○地区に住所又は事務所（従たる事務所を含む。）を有する者でこの法人の目的に賛同して入会した個人又は団体
(2) 賛助会員　この法人の事業を賛助するため入会した個人又は団体
（入　会）
第7条　正会員又は賛助会員として入会しようとする者は、理事会が別に定める入会申込書により申し込み、理事会の承認があったときに正会員又は賛助会員となる。
（会　費）
第8条　会員は、社員総会において別に定める会費を納入しなければならない。
（任意退会）
第9条　会員は、理事会において別に定める退会届を提出することにより、任意にいつでも退会することができる。
（除　名）
第10条　会員が次のいずれかに該当するときは、社員総会において、総正会員の半数以上であって、総正会員の議決権の3分の2以上に当たる多数の決議をもって、当該会員を除名することができる。
(1) この定款その他の規則に違反したとき。
(2) この法人の名誉を傷つけ、又は目的に反する行為をしたとき。
(3) その他除名すべき正当な事由があるとき。

（会員の資格喪失）
第11条　前2条の場合のほか、会員は、次のいずれかに該当するときは、その資格を喪失する。
⑴ 1年以上会費を滞納したとき。
⑵ 総正会員が同意したとき。
⑶ 死亡し、又は解散したとき。

第3章　社員総会

（構　成）
第12条　社員総会は、すべての正会員をもって構成する。
（権　限）
第13条　社員総会は、次の事項について決議する。
⑴ 会員の除名
⑵ 理事及び監事の選任又は解任
⑶ 理事及び監事の報酬等の額
⑷ 貸借対照表及び損益計算書（正味財産増減計算書）並びにこれらの附属明細書の承認
⑸ 定款の変更
⑹ 農用地利用規程の作成及び変更（期間延長を含む）
⑺ 解散及び残余財産の処分
⑻ その他社員総会で決議するものとして法令又はこの定款で定める事項
（開　催）
第14条　この法人の社員総会は、定時社員総会及び臨時社員総会とし、定時社員総会は、毎事業年度の終了後3か月以内に開催し、臨時社員総会は、必要に応じて開催する。
（招　集）
第15条　社員総会は、法令に別段の定めがある場合を除き、理事会の決議に基づき会長が招集する。
（議　長）
第16条 社員総会の議長は、会長がこれに当たる。会長に事故があるときは、当該社員総会において正会員の中から議長を選出する。
（議決権）
第17条　社員総会における議決権は、正会員1名につき1個とする。
（決　議）
第18条　社員総会の決議は、法令又は定款に別段の定めがある場合を除き、総正会員の議決権の過半数を有する正会員が出席し、出席した当該正会員の議決権の過半数をもって行う。
2　前項の規定にかかわらず、次の決議は、総正会員の半数以上であって、総正会員の議決権の3分の2以上に当たる多数をもって行わなければならない。
⑴ 会員の除名
⑵ 監事の解任
⑶ 定款の変更
⑷ 解散及び残余財産の処分
⑸ その他法令又はこの定款で定める事項
（代　理）
第19条　社員総会に出席できない正会員は、他の正会員を代理人として議決権の行使を委任することができる。この場合においては、当該正会員又は代理人は、代理権を証明する書類をこの法人に提出しなければならない。
（決議・報告の省略）
第20条　理事又は正会員が、社員総会の目的である事項について提案をした場合において、その提案について、正会員の全員が書面又は電磁的記録により同意の意思表示をしたときは、その提案を可決する旨の社員総会の決議があったものとみなす。
2　理事が正会員の全員に対して社員総会に報告すべき事項を通知した場合において、

その事項を社員総会に報告することを要しないことについて、正会員の全員が書面又は電磁的記録により同意の意思表示をしたときは、その事項の社員総会への報告があったものとみなす。

(議事録)

第21条　社員総会の議事については、法令の定めるところにより議事録を作成する。

2　議長及び出席した理事は、前項の議事録に署名又は記名押印する。

第4章　役　員

(役　員)

第22条　この法人に、次の役員を置く。

(1) 理事　3名以上9名以内

(2) 監事　2名以内

2　理事のうち、1名を代表理事とする。

(役員の選任)

第23条　理事及び監事は、社員総会の決議によって選任する。

2　理事は、正会員の中から選任する。

3　代表理事は、理事会の決議によって理事の中から選定し、代表理事をもって会長とする。

4　監事は、この法人又はその子法人の理事又は使用人を兼ねることができない。

5　各理事について、当該理事及びその配偶者又は3親等内の親族（これらの者に準ずるものとして当該理事と政令で定める特別の関係にある者を含む。）の合計数は、理事の総数の3分の1を超えてはならない。監事についても、同様とする。

(理事の職務及び権限)

第24条　理事は、理事会を構成し、法令及びこの定款の定めるところにより、職務を執行する。

2　会長は、法令及びこの定款の定めるところにより、この法人を代表し、その業務を執行する。

(監事の職務及び権限)

第25条　監事は、理事の職務の執行を監査し、法令で定めるところにより、監査報告を作成する。

2　監事は、いつでも、理事及び使用人に対して事業の報告を求め、この法人の業務及び財産の状況の調査をすることができる。

(役員の任期)

第26条　理事の任期は、選任後2年以内に終了する事業年度のうち最終のものに関する定時社員総会の終結の時までとする。

2　監事の任期は、選任後4年以内に終了する事業年度のうち最終のものに関する定時社員総会の終結の時までとする。

3　補欠として選任された理事又は監事の任期は、前任者の任期の満了する時までとする。

4　理事若しくは監事が欠けた場合又は第22条第1項で定める理事若しくは監事の員数が欠けた場合には、任期の満了又は辞任により退任した理事又は監事は、新たに選任された者が就任するまで、なお理事又は監事としての権利義務を有する。

(役員の解任)

第27条　理事及び監事は、社員総会の決議によって解任することができる。ただし、監事を解任する決議は、総正会員の半数以上であって、総正会員の議決権の3分の2以上に当たる多数をもって行わなければならない。

(報酬等)

第28条　理事及び監事の報酬、賞与その他の職務執行の対価としてこの法人から受ける財産上の利益は、社員総会の決議によって定める。

第5章 理事会

(構　成)

第29条　この法人に理事会を置く。

2　理事会は、すべての理事をもって構成する。

(権　限)

第30条　理事会は、この定款に別に定めるもののほか、次の職務を行う。

(1) 業務執行の決定

(2) 理事の職務の執行の監督

(3) 代表理事の選定及び解職

(招　集)

第31条　理事会は、会長が招集する。

2　会長が欠けたとき又は会長に事故があるときは、あらかじめ理事会が定めた順序により他の理事が招集する。

3　理事及び監事の全員の同意があるときは、招集の手続を経ないで理事会を開催することができる。

(議　長)

第32条　理事会の議長は、会長がこれに当たる。

(決　議)

第33条　理事会の決議は、この定款に別段の定めがある場合を除き、議決に加わることができる理事の過半数が出席し、その過半数をもって行う。

2　前項の規定にかかわらず、一般法人法第96条の要件を満たすときは、当該提案を可決する旨の理事会の決議があったものとみなす。

(報告の省略)

第34条　理事又は監事が理事及び監事の全員に対し、理事会に報告すべき事項を通知したときは、その事項を理事会に報告することを要しない。ただし、一般法人法第91条第2項の規定による報告については、この限りでない。

(議事録)

第35条　理事会の議事については、法令の定めるところにより議事録を作成する。

2 出席した理事及び監事は、前項の議事録に署名又は記名押印する。

第6章　基　金

(基金の拠出等)

第36条　当法人は、基金を引き受ける者の募集をすることができる。

2　拠出された基金は、当法人が解散するまで返還しない。

3　基金の返還の手続については、基金の返還を行う場所及び方法その他の必要な事項を清算人において別に定めるものとする。

第7章　計　算

(事業年度)

第37条　この法人の事業年度は、毎年4月1日から翌年3月31日までの年1期とする。

(事業計画及び収支予算)

第38条　この法人の事業計画及び収支予算については、毎事業年度開始日の前日までに会長が作成し、理事会の決議を経て社員総会の承認を受けなければならない。これを変更する場合も、同様とする。

(事業報告及び決算)

第39条　この法人の事業報告及び決算については、毎事業年度終了後、会長が次の書類を作成し、監事の監査を受けた上で、理事会の承認を経て、定時社員総会に提出し、第1号及び第2号の書類については、その内容を報告し、第3号から第5号までの書類については、承認を受けなければならない。

(1) 事業報告

(2) 事業報告の附属明細書
(3) 貸借対照表
(4) 損益計算書（正味財産増減計算書）
(5) 貸借対照表及び損益計算書（正味財産増減計算書）の附属明細書
(剰余金の不分配)
第 40 条　この法人は、剰余金の分配を行わない。

第８章　定款の変更、解散及び清算

(定款の変更)
第 41 条　この定款は、社員総会における、総正会員の半数以上であって、総正会員の議決権の３分の２以上に当たる多数の決議によって変更することができる。
(解　散)
第 42 条　この法人は、社員総会における、総正会員の半数以上であって、総正会員の議決権の３分の２以上に当たる多数の決議その他法令に定める事由によって解散する。
(残余財産の帰属)
第 43 条　この法人が清算をする場合において有する残余財産は、社員総会の決議を経て、公益社団法人及び公益財団法人の認定等に関する法律第５条第 17 号に掲げる法人又は国若しくは地方公共団体に贈与するものとする。

第９章　附　則

(最初の事業年度)
第 44 条　この法人の最初の事業年度は、この法人成立の日から令和○○年○月○日までとする。
(設立時の役員)
第 45 条　この法人の設立時理事、設立時代表理事及び設立時監事は、次のとおりとする。
設立時理事　○○　○○　○○　○○　○○　○○
設立時代表理事　○○　○○
設立時監事　○○　○○
(設立時社員の氏名及び住所)
第 46 条　この法人の設立時社員の氏名又は名称及び住所は、次のとおりである。
住所　○○県○○市○○
設立時社員　○○ ○○
住所　○○県○○市○○
設立時社員　○○ ○○
住所　○○県○○市○○
設立時社員　○○ ○○
住所　○○県○○市○○
設立時社員　○○ ○○
(法令の準拠)
第 47 条　本定款に定めのない事項は、すべて一般法人法その他の法令に従う。

以上、一般社団法人○○地区組合設立のため、この定款を作成し、設立時社員が次に記名押印する。

令和○年○月○日

設立時社員　○○　○○　印
設立時社員　○○　○○　印
設立時社員　○○　○○　印
設立時社員　○○　○○　印

資料6

一般社団法人○○定款［例］
（特定法人の場合）

第1章　総　則

（名　称）
第1条　この法人は、一般社団法人○○地区組合と称する。
（事務所）
第2条　この法人は、主たる事務所を○○県○○市に置く。
（目　的）
第3条　この法人は、○○県○○市○○地区（以下「○○地区」という。）の農地・農業用水等の資源や農村環境の良好な保全と質的向上を図り、○○地区の農業の振興と農業経営及び生活の改善を図ることを目的とする。
（事　業）
第4条　この法人は、前条の目的を達成するため、次の事業を行う。
(1) ○○地区の農地・農業用水等の資源の保全と質的向上を図る事業
(2) ○○地区の農業と生活環境との調和及び整備を図る事業
(3) 農地利用集積円滑化事業に関する次に掲げる事業
① 農地所有者代理事業
② 農地売買等事業
③ 研修等事業
(4) 農用地利用改善事業の実施に関する事業
(5) 農地中間管理事業の推進に関する事業
(6) 日本型直接支払に関する事業
(7) 農業の経営
(8) その他この法人の目的を達成するために必要な事業
（公告の方法）
第5条　この法人の公告は、この法人の主たる事務所の公衆の見やすい場所に掲示する方法により行う。

第2章　会　員

（会員の構成）
第6条　この法人の会員は、次の2種とし、正会員をもって一般社団法人及び一般財団法人に関する法律（以下「一般法人法」という。）上の社員とする。
(1) 正会員
① 一般正会員
○○地区内の農用地につき所有権若しくはその他の使用収益権を有する者又は○○地区に住所又は事務所（従たる事務所を含む。）を有する者でこの法人の目的に賛同して入会した個人又は団体
② 地方公共団体正会員
○○市（町村）
(2) 賛助会員　この法人の事業を賛助するため入会した個人又は団体
（入　会）
第7条　正会員又は賛助会員として入会しようとする者は、理事会が別に定める入会申込書により申し込み、理事会の承認があったときに正会員又は賛助会員となる。
（会　費）
第8条　会員は、社員総会において別に定める会費を納入しなければならない。
（任意退会）
第9条　会員は、理事会において別に定める退会届を提出することにより、任意にいつ

でも退会することができる。
（除　名）
第10条　会員が次のいずれかに該当するときは、社員総会において、総正会員の半数以上であって、総正会員の議決権の３分の２以上に当たる多数の決議をもって、当該会員を除名することができる。
(1) この定款その他の規則に違反したとき。
(2) この法人の名誉を傷つけ、又は目的に反する行為をしたとき。
(3) その他除名すべき正当な事由があるとき。
（会員の資格喪失）
第11条　前２条の場合のほか、会員は、次のいずれかに該当するときは、その資格を喪失する。
(1) １年以上会費を滞納したとき。
(2) 総正会員が同意したとき。
(3) 死亡し、又は解散したとき。

第３章　社員総会

（構　成）
第12条　社員総会は、すべての正会員をもって構成する。
（権　限）
第13条　社員総会は、次の事項について決議する。
(1) 会員の除名
(2) 理事及び監事の選任又は解任
(3) 理事及び監事の報酬等の額
(4) 貸借対照表及び損益計算書（正味財産増減計算書）並びにこれらの附属明細書の承認
(5) 定款の変更
(6) 農用地利用規程の作成及び変更（期間延長を含む）
(7) 解散及び残余財産の処分
(8) その他社員総会で決議するものとして法令又はこの定款で定める事項
（開　催）
第14条　この法人の社員総会は、定時社員総会及び臨時社員総会とし、定時社員総会は、毎事業年度の終了後３か月以内に開催し、臨時社員総会は、必要に応じて開催する。
（招　集）
第15条　社員総会は、法令に別段の定めがある場合を除き、理事会の決議に基づき会長が招集する。
（議　長）
第16条 社員総会の議長は、会長がこれに当たる。会長に事故があるときは、当該社員総会において正会員の中から議長を選出する。
（議決権）
第17条　社員総会における議決権は、地方公共団体以外の正会員は１名につき１個とし、地方公共団体の正組合員は地方公共団体以外の正会員の議決権の合計に１を加えた個数とする。
（決　議）
第18条　社員総会の決議は、法令又は定款に別段の定めがある場合を除き、総正会員の議決権の過半数を有する正会員が出席し、出席した当該正会員の議決権の過半数をもって行う。
２　前項の規定にかかわらず、次の決議は、総正会員の半数以上であって、総正会員の議決権の３分の２以上に当たる多数をもって行わなければならない。
(1) 会員の除名
(2) 監事の解任
(3) 定款の変更
(4) 解散及び残余財産の処分

(5) その他法令又はこの定款で定める事項

(代　理)

第19条　社員総会に出席できない正会員は、他の正会員を代理人として議決権の行使を委任することができる。この場合においては、当該正会員又は代理人は、代理権を証明する書類をこの法人に提出しなければならない。

(決議・報告の省略)

第20条　理事又は正会員が、社員総会の目的である事項について提案をした場合において、その提案について、正会員の全員が書面又は電磁的記録により同意の意思表示をしたときは、その提案を可決する旨の社員総会の決議があったものとみなす。

2　理事が正会員の全員に対して社員総会に報告すべき事項を通知した場合において、その事項を社員総会に報告することを要しないことについて、正会員の全員が書面又は電磁的記録により同意の意思表示をしたときは、その事項の社員総会への報告があったものとみなす。

(議事録)

第21条　社員総会の議事については、法令の定めるところにより議事録を作成する。

2　議長及び出席した理事は、前項の議事録に署名又は記名押印する。

第4章　役　員

(役　員)

第22条　この法人に、次の役員を置く。

(1) 理事　3名以上9名以内

(2) 監事　2名以内

2　理事のうち、1名を代表理事とする。

(役員の選任)

第23条　理事及び監事は、社員総会の決議によって選任する。

2　理事は、正会員の中から選任する。

3　代表理事は、理事会の決議によって理事の中から選定し、代表理事をもって会長とする。

4　監事は、この法人又はその子法人の理事又は使用人を兼ねることができない。

5　各理事について、当該理事及びその配偶者又は3親等内の親族（これらの者に準ずるものとして当該理事と政令で定める特別の関係にある者を含む。）の合計数は、理事の総数の3分の1を超えてはならない。監事についても、同様とする。

(理事の職務及び権限)

第24条　理事は、理事会を構成し、法令及びこの定款の定めるところにより、職務を執行する。

2　会長は、法令及びこの定款の定めるところにより、この法人を代表し、その業務を執行する。

(監事の職務及び権限)

第25条　監事は、理事の職務の執行を監査し、法令で定めるところにより、監査報告を作成する。

2　監事は、いつでも、理事及び使用人に対して事業の報告を求め、この法人の業務及び財産の状況の調査をすることができる。

(役員の任期)

第26条　理事の任期は、選任後2年以内に終了する事業年度のうち最終のものに関する定時社員総会の終結の時までとする。

2　監事の任期は、選任後4年以内に終了する事業年度のうち最終のものに関する定時社員総会の終結の時までとする。

3　補欠として選任された理事又は監事の任期は、前任者の任期の満了する時までとする。

4　理事若しくは監事が欠けた場合又は第22条第1項で定める理事若しくは監事の員数が欠けた場合には、任期の満了又は辞任により退任した理事又は監事は、新たに選任された者が就任するまで、なお理事又は監事としての権利義務を有する。

（役員の解任）
第27条　理事及び監事は、社員総会の決議によって解任することができる。ただし、監事を解任する決議は、総正会員の半数以上であって、総正会員の議決権の3分の2以上に当たる多数をもって行わなければならない。
（報酬等）
第28条　理事及び監事の報酬、賞与その他の職務執行の対価としてこの法人から受ける財産上の利益は、社員総会の決議によって定める。

第5章　理事会

（構　成）
第29条　この法人に理事会を置く。
2　理事会は、すべての理事をもって構成する。
（権　限）
第30条　理事会は、この定款に別に定めるもののほか、次の職務を行う。
(1) 業務執行の決定
(2) 理事の職務の執行の監督
(3) 代表理事の選定及び解職
（招　集）
第31条　理事会は、会長が招集する。
2　会長が欠けたとき又は会長に事故があるときは、あらかじめ理事会が定めた順序により他の理事が招集する。
3　理事及び監事の全員の同意があるときは、招集の手続を経ないで理事会を開催することができる。
（議　長）
第32条　理事会の議長は、会長がこれに当たる。
（決　議）
第33条　理事会の決議は、この定款に別段の定めがある場合を除き、議決に加わることができる理事の過半数が出席し、その過半数をもって行う。
2　前項の規定にかかわらず、一般法人法第96条の要件を満たすときは、当該提案を可決する旨の理事会の決議があったものとみなす。
（報告の省略）
第34条　理事又は監事が理事及び監事の全員に対し、理事会に報告すべき事項を通知したときは、その事項を理事会に報告することを要しない。ただし、一般法人法第91条第2項の規定による報告については、この限りでない。
（議事録）
第35条　理事会の議事については、法令の定めるところにより議事録を作成する。
2 出席した理事及び監事は、前項の議事録に署名又は記名押印する。

第6章　計　算

（事業年度）
第36条　この法人の事業年度は、毎年4月1日から翌年3月31日までの年1期とする。
（事業計画及び収支予算）
第37条　この法人の事業計画及び収支予算については、毎事業年度開始日の前日までに会長が作成し、理事会の決議を経て社員総会の承認を受けなければならない。これを変更する場合も、同様とする。
（事業報告及び決算）
第38条　この法人の事業報告及び決算については、毎事業年度終了後、会長が次の書類を作成し、監事の監査を受けた上で、理事会の承認を経て、定時社員総会に提出し、第1号及び第2号の書類については、その内容を報告し、第3号から第5号までの書類については、承認を受けなければならない。
(1) 事業報告
(2) 事業報告の附属明細書

(3) 貸借対照表
(4) 損益計算書（正味財産増減計算書）
(5) 貸借対照表及び損益計算書（正味財産増減計算書）の附属明細書
(剰余金の不分配)
第39条　この法人は、剰余金の分配を行わない。

第7章　定款の変更、解散及び清算

(定款の変更)
第40条　この定款は、社員総会における、総正会員の半数以上であって、総正会員の議決権の3分の2以上に当たる多数の決議によって変更することができる。
(解　散)
第41条　この法人は、社員総会における、総正会員の半数以上であって、総正会員の議決権の3分の2以上に当たる多数の決議その他法令に定める事由によって解散する。
(残余財産の帰属)
第42条　この法人が清算をする場合において有する残余財産は、社員総会の決議を経て、公益社団法人及び公益財団法人の認定等に関する法律第5条第17号に掲げる法人又は国若しくは地方公共団体に贈与するものとする。

第8章　附　則

(最初の事業年度)
第43条　この法人の最初の事業年度は、この法人成立の日から令和○○年○月○日までとする。
(設立時の役員)
第44条　この法人の設立時理事、設立時代表理事及び設立時監事は、次のとおりとする。
設立時理事　　　　○○　○○　○○　○○　○○　○○
設立時代表理事　　○○　○○
設立時監事　　　　○○　○○
(設立時社員の氏名及び住所)
第45条　この法人の設立時社員の氏名又は名称及び住所は、次のとおりである。
住所　　　　　　○○県○○市○○
設立時社員　　　○○ ○○
住所　　　　　　○○県○○市○○
設立時社員　　　○○ ○○
住所　　　　　　○○県○○市○○
設立時社員　　　○○ ○○
住所　　　　　　○○県○○市○○
設立時社員　　　○○ ○○
(法令の準拠)
第46条　本定款に定めのない事項は、すべて一般法人法その他の法令に従う。

以上、一般社団法人○○地区組合設立のため、この定款を作成し、設立時社員が次に記名押印する。

令和○年○月○日

設立時社員　　　○○　○○　　　印
設立時社員　　　○○　○○　　　印
設立時社員　　　○○　○○　　　印
設立時社員　　　○○　○○　　　印

資料7

農作業受委託契約書［例］
（収入差プレミアム方式）

受託者及び委託者は、この契約書の定めるところにより、農作業受委託契約を締結する。この契約書は、２通作成して受託者及び委託者がそれぞれ１通を所持する。

令和　　年　　月　　日
委託者（以下「甲」という。）
住所
氏名　　　　　　　　　　　　　　　　　　　印
受託者（以下「乙」という。）
住所
氏名　　　　　　　　　　　　　　　　　　　印

（農作業の委託）
第１条　甲は、乙に対し、次に提示する農用地について、「委託する農作業」欄に記載した農作業を委託し、乙はこれを受託する。

	農用地の所在・地番	地目	面積	作目	委託する農作業	基準収入
1						
2						
3						

（受託料の額）
第２条　甲は、前条の表に記載した農作業に対して、同表に記載した農用地において収穫した農産物の収入から当該農産物に係る材料費等及び基準収入を控除した額に相当する金額の受託料に消費税を付加して乙に支払うものとする。
２　前項の農産物の収入とは、甲の事業年度において確定した収益（消費税抜き）で、農産物の販売収入（過年分の精算金を含む）のほか、当該農産物に係る奨励金及び受取共済金を含む。
３　第１項の材料費等は、甲の事業年度において確定した費用で、乙の求めに応じて甲が購入した肥料及び農薬等の資材で乙に供給したもの並びに農産物検査料及び販売手数料等の販売費に係る費用（消費税抜き）とする。
（損失補填）
第３条　乙は、農産物の収入が農産物の材料費及び基準収入の合計額を下回るときは、その下回る額に相当する損失補填金を甲に支払うものとする。
（契約期間）
第４条　本契約の有効期間は、令和○○年○○月○○日から令和○○年○○月○○日までとする。
（記載事項の変更）
第５条　甲と乙の間において、本契約書に記載された事項を変更する必要が生じた場合には、甲、乙協議のうえ変更することができるものとする。
注.
第１条関係
「委託する農作業」欄には、白ネギの場合には「栽培管理、収穫」などと記載する。
第４条関係
契約期間は１年以内とするのが望ましい。なお、契約期間が単年（1年以内）である場合は、当該受委託契約書は印紙税の課税文書に該当せず、収入印紙を貼る必要がない。

■著者略歴■

森　剛一（もり　たけかず）

昭和38年東京都生まれ。森税務会計事務所所長、一般社団法人全国農業経営コンサルタント協会会長、税理士。全国農業協同組合中央会勤務を経て、平成7年に税理士登録、翌年税理士事務所開業。農業専門の税理士として全国各地で経営相談を行っている。アグリビジネス・ソリューションズ(株)代表取締役、公益社団法人日本農業法人協会顧問税理士、一般社団法人全国農業協同組合中央会顧問税理士。「農家の事業承継と税務対策」(共著、大蔵財務協会) など著書多数。

法人化塾　改訂第2版

インボイス制度対応と農業の経営継承・組織再編

2022年 2 月 5 日　第 1 刷発行

著　者　森　剛一

発行所　一般社団法人　農山漁村文化協会
郵便番号　107-8668　東京都港区赤坂7丁目6 - 1
電話　03(3585)1142(営業)　03(3585)1145(編集)
FAX　03(3585)3668　　振替　00120-3-144478
URL　https://www.ruralnet.or.jp/

ISBN 978-4-540-21318-2
企画・編集・DTP制作／(株)農文協プロダクション
〈検印廃止〉　印刷・製本／(株)平文社